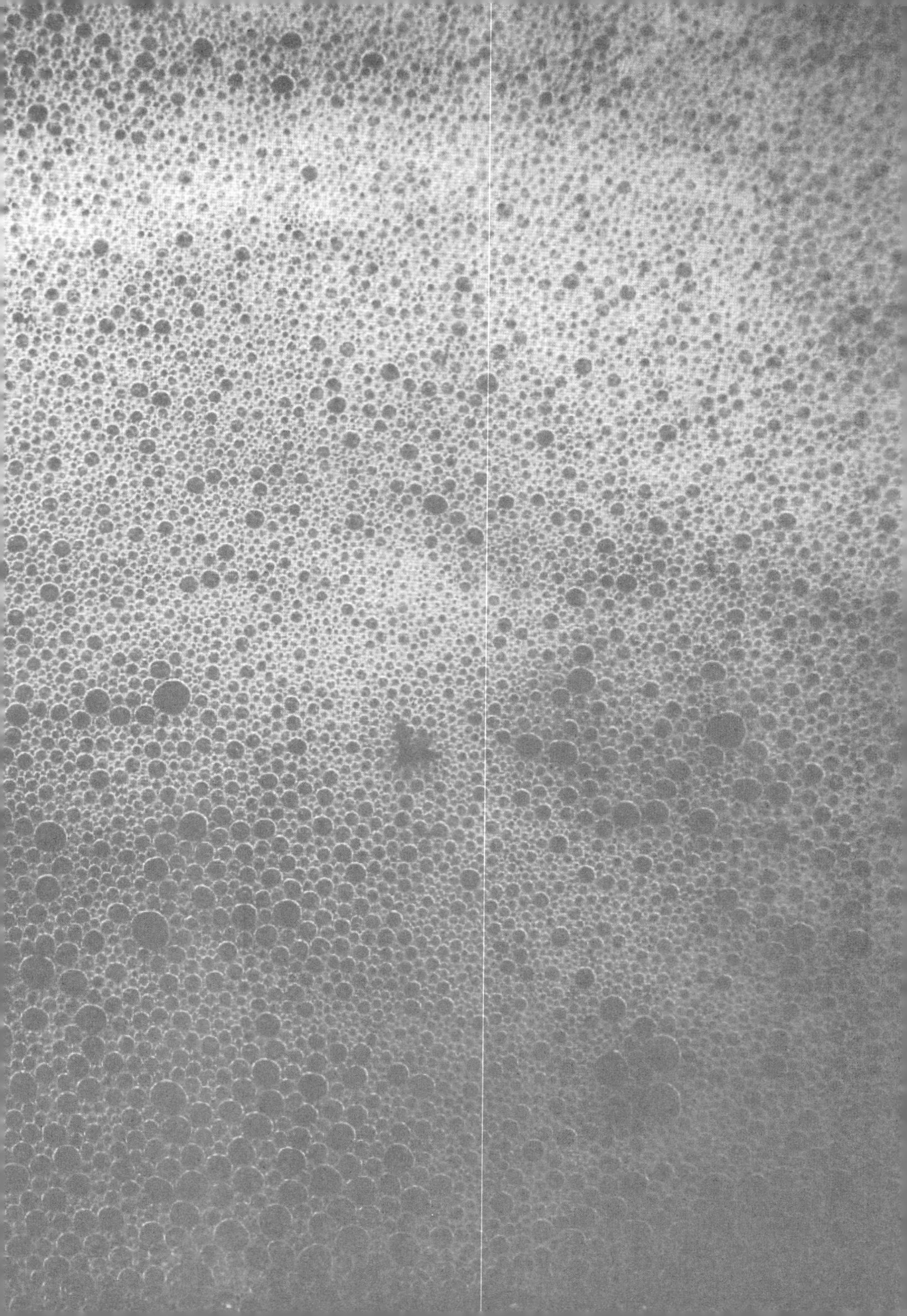

發酵吧！

地方美味大冒險

讓發酵文化創造傳統產業新價值

FERMENTAL CULTURAL ANTHROPOLOGY

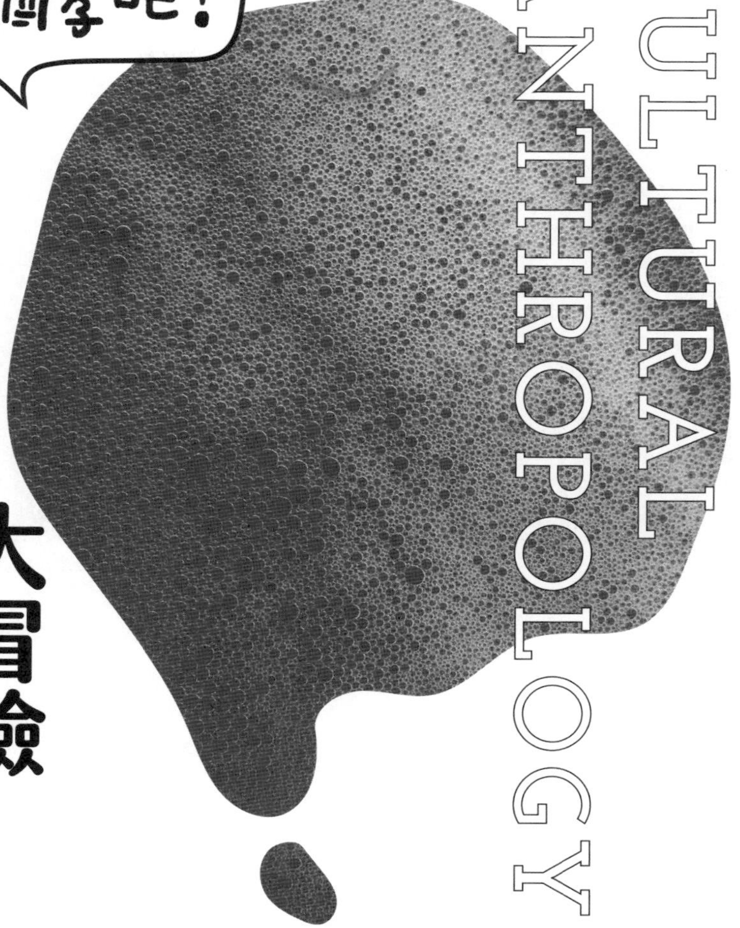

小倉拓——著

雷鎮興——譯

自製味噌工作坊是我身為發酵設計師的活動原點。我與孩子們手舞足蹈，唱著〈得意洋洋的自製味噌之歌（手前みそのうた）〉，大家一起動手釀造味噌。只要聽過一遍旋律就不會忘記，加上可愛的舞蹈動作，很快地傳遍了日本全國各地，成為地方政府推動飲食教育計畫的一環。後來出版繪本，榮獲 2014 年度優良設計獎。

繪本出版了！

〈得意洋洋的自製味噌之歌〉的續集動畫歌曲，同時也是製麴工作坊的教材。孩子們在唱唱跳跳中，學習麴的相關知識。

這首歌〈麴菌毛茸茸（こうじモコモコ！）〉的合音，是在第五章介紹寺田家的麴室中錄製的。
日本全國的釀造家與創作者齊聚一堂開懷歌唱。

在自製味噌工作坊之後，我開始推廣製麴工作坊，用來當作味噌原料。也許是自己動手培養麴菌充滿了樂趣、令人著迷，這堂工作坊深受大家喜愛。從 2015 年 1 月起為期兩年，共計舉行 80 次以上，學員超過了 1000 人。

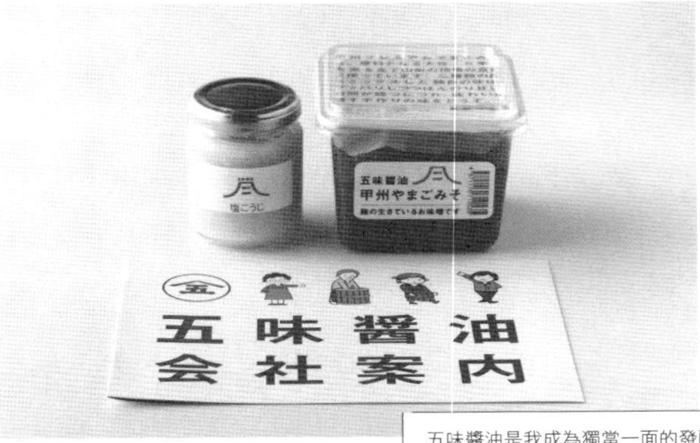

五味醬油是我成為獨當一面的發酵設計師之後，首次工作的接觸對象。我正是在這間釀造廠，受到微生物世界的召喚。

山形縣鶴岡市的甜點老店木村屋，新商品「瓦人形（かわら人形）」由我設計製作。它是一種揉合日本酒與酒粕的發酵巧克力。其設計靈感源自於鶴岡代代相傳的鄉土玩具「瓦人形」。2015 年開始販賣，隨即受到鶴岡地區男女老幼的喜愛，成為一項主力商品。

我以長野縣木曾町的發酵文化為主題，於 2016 年製作這首動畫歌曲。本書介紹的酸莖，以及味噌球、日本酒，皆屬於這片土地的特有飲食文化。這些發酵食品與微生物，全部都收錄在這首歌裡，是一部充滿美麗影像的動畫。

物產展結合了外燴與現場演唱！

ケータリングや
ライブとミックス！

2011 至 2013 年期間，第六章介紹的五味仁先生等山梨夥伴們共同組成的山梨團隊，集結了山梨各種發酵物，舉辦盛大的物產展活動。

日本各地釀造家齊聚一堂的談話活動，大家一起探討發酵文化的奧祕與迷人之處。自 2013 年於表參道的選品店「かぐれ」舉辦之後，就變成與店鋪齊名、廣受歡迎的一項活動，2017 年迎接了值得慶賀的第五週年。

問出釀造家的真實想法。

釀造家の本音を聞き出しました。

從かぐれ的談話活動，發展成為山梨 YBS 廣播節目。這是世界上獨一無二的發酵廣播節目，由五味醬油的五味兄妹與我，三人共同擔任主持人。我們邀請日本全國各地的釀造家上節目擔任來賓，盡情暢談發酵文化的相關趣事。

講座透過學員參加工作坊的形式舉行。學習項目包括：麵包、麴等發酵食品的釀造基礎，以及顯微鏡的操作方式、DNA 模型的組合等微生物學基礎知識。

本書介紹山梨的葡萄酒釀造所「旭港酒」與「丸三葡萄酒」，彼此都是好鄰居。

山梨には戦前の名残があるワイン蔵も。

山梨仍保留了二戰以前的葡萄酒釀造廠。

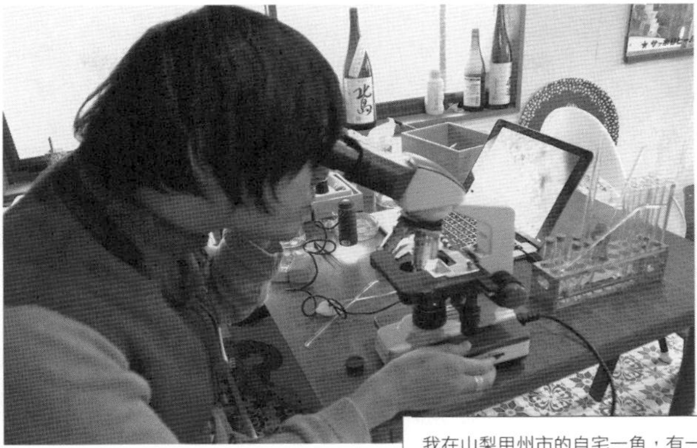

我在山梨甲州市的自宅一角，有一個小小的發酵實驗區。由於是自行打造，所以僅能做簡單的菌種分離與觀察。預計未來將打造一間實驗用的專屬空間。

本書介紹的五味醬油味噌釀造廠。我在這裡受到微生物的召喚，因而走向發酵的道路。

2016 年夏天，我在匈牙利布達佩斯與英國德文郡舉辦工作坊。當然，每位參加者也一起手舞足蹈，活動出乎意料地廣受大家的好評。

出發！
しゃっぱーつ!

序——中文版序言：給臺灣讀者的話

臺灣的讀者們，大家好。我是《發酵吧！地方美味大冒險》（日版原書名《発酵文化人類学》）的作者小倉拓。

很開心透過這次出版緣分，我的書再度有機會被臺灣讀者閱讀，我感到無比的光榮。在每片土地上生活的人們，如何面對肉眼看不見的自然，並借助其力量生存下去呢？發酵文化，傳達出人類數百年、數千年來的生活樣貌，它是一艘「記憶的方舟」。

我出生的這片土地——日本，很多人說它得天獨厚，擁有豐富的天然資源。然而，在很久以前的過去，卻與現在有著天壤之別。當時的日本，冬天寒冷嚴峻、夏天酷熱難耐，自然災害與傳染病頻傳，許多人生活在封閉的深山野嶺或海邊小村落，他們為了求生存竭盡心思，在食物的保存與營養提升上，不惜耗費工夫。這群生活在各片土地上的人們，皆打造出令人驚艷、極具多樣性的發酵食品與文化。

正因為人類生活在諸多限制、無法隨心所欲的環境裡，才得以發揮強大的創造力。在這個必須克制欲望、不能再無限度擷取地球資源的二十一世紀裡，「發酵」暗藏著我們今後生存方式的線索。

透過發酵去觀察日本，就能發現肉眼看不見的存在、生存的精神性、時間與空間的伸縮感覺，以及人類如何鍥而不捨與自然對話的生活方式；而這一切，完全不同於變得均質單一化的現代文明。希望我們可以從人類的世界出發，前往由微生物為了生存而交織出的豐富生態世界，展開一場發酵文化的華麗冒險。

發酵的世界，既深奧又美味可口。

當然，發酵並不是只存在於日本。

以宏觀的視野去看，無論臺灣或日本，皆屬於東亞的文化圈。在發酵的基本原則上，彼此擁有共通的價值觀，也各自孕育出獨特的發酵文化。藉由這次出版的契機，若能讓臺灣與日本「在肉眼看不見的世界裡交流」，對我來說，就是再開心不過的事了。

等待將來時機成熟，希望能很快地與大家見面，讓我們一起在臺灣相遇。

期盼疫情過後，大家有機會再來日本，也請務必帶著這本書，來一趟發酵之旅吧。

小倉拓 2021.07.26

目錄

——前言

出發！現在就展開一場發酵的冒險吧

大家好，初次見面。我是發酵設計師小倉拓。

「發酵設計師？這到底是什麼工作啊？」

想必一頭霧水的人應該不少吧。

我是肉眼看不見的微生物世界導覽解說員。雖然大家平常不會特別意識到，其實發酵菌一直默默維持著我們的日常生活。因此，我以發酵菌的傳道師（Evangelist）身分，不僅日本，也在世界各地東奔西走，把不可思議發酵文化推廣給大家，就是我的工作。

「推廣？用什麼方法呢？」

正是因為如此，我才會撰寫這本書。

近來，我們經常能在電視廣告或雜誌特輯上，看到「發酵」這個關鍵字出現。一般而言，這些媒體大多只提到了挖掘實際利益。例如：「美味可口」、「有益身體健康」。但是，如果我們試著研究發酵的文化層面，就能更深入挖掘它充滿魅力的地方。

比方說，如果研究生活中熟悉的味噌，就能明白您所居住這片土地上的歷史；或是調查優酪乳對健康產生好處的原因，就能發現微生物的生命祕密。

一旦了解「發酵的祕密」，原本肉眼看不見的微生物，就能變成我們的好朋友。只要透過「微生物的觀點」，就能窺見完全不同於過去認知的社會樣貌。

閱讀本書，不僅能稍加了解發酵的原理，還能夠發現各種「祕密」。比方說，明白微生物與人類的關係、長久以來我們生活文化的深奧之處、日本人如何展現「對待看不見的大自然」的態度，以及人類如何感受發酵的美味與美好，這些認知系統的運作機制等。

文化的本質就隱藏在其中。肉眼看不見的微生物是大自然的象徵，也是悄悄傳遞祕密訊息的使者。

請試著以微生物的觀點去看人類社會。一定能從中發現「*Homo fermentum*（發酵者）」快樂圍繞在餐桌前的模樣。

什麼是發酵文化人類學？

進入正文之前，我想先來定義本書的核心主題「發酵文化人類學」（因為這是我擅自創造的詞彙）。

大學時期，我念的是文化人類學。在告別十九歲以前，我背著後背包前往世界各地旅行，著迷於各種文化的體驗。對這樣一位背包客少年來說，文化人類學是回答「為什麼世界上會有如此多元的文化？」這項疑問的一門學問。

我曾經憧憬文化人類學者三天兩頭往野外跑，採集各種飾品與器皿，或是描繪祭典、刺青與建築的細微特徵。在旅行結束後，回到書房將這些素材進行分類與分析，解開隱藏在作品與創作動機背後的「文化祕密」。它帶給我勇氣，在尚未開始承擔社會責任之前，我得以盡情體驗背包客的旅行生活。

隨著時光流逝，我開始從事不可思議的工作——設計師兼發酵研究家，一股勁地往野外跑，拚命蒐集味噌、酒，或釀造用的工具，甚至連一小片的倉庫土牆都不放過。帶回家之後，我日以繼夜地透過顯微鏡觀察，一頭栽進微生物的研究世界裡。

「嗯？這……像不像大學時期沉浸在文化人類學的研究一樣？」

發現這件事的瞬間，我的腦中閃過「發酵＋文化人類學」的點子。在一般情況下，這兩項領域本來毫無任何交集，卻忽然產生了關聯。若仔細思考，我敢肯定，發酵與文化人類學這兩種學問，可以找出它們的共通之處。

發酵的領域是「生命工學與社會學的交叉點」。酒在發酵時的現象可以轉換成化學式，也就是生命工學。然而，人類為何會喜歡各種不同的酒，這種現象卻無法從化學式轉換成社會學。

文化人類學也是同樣的構造。把各種創作物品與民間故事當作數據資料分析，再建立共通項目，完成系統化，這是資訊工程學。然而，如果思考人類為何誕生如此多元的文化，必須跨越數據資料，以想像力創造傳說，成為社會學。

從具體的實物開始，以抽象的方法使其系統化。屆時，隱藏在歷史之中的「世界奧祕」大門就能開啟。為了打開這扇門，它考驗著一個人觀察事物時的思考能力，是否具備獨特的感性與遼闊的眼界。

這正是從文化人類學開始，透過創造設計者，最後抵達終點——發酵。這項工作不正是只有我能挑戰嗎？當我如此自作主張、在各地發現有趣的發酵食品與微生物時，就會突然切換成「我現在可是發酵文化人類學者呢！」的研究模式。

那麼，我先暫時定義「發酵文化人類學」吧。

透過發酵研究人類的謎團

所謂發酵文化人類學，就是：

透過發酵，研究人類生活文化與技術之謎的學問。

就像生命工學等同於生物科技的應用研究，但我不是開發新技術或商品，而是再次彙整現有的蒐集物，把新觀點帶進文化與技術的歷史裡。也就是說，發酵文化人類學的發明，並不是靠「技術」，而是「觀點」。

我設定的目標，無非是希望大家透過「發酵」與「微生物」這兩個關鍵字，釐清本來以為這兩者毫無關聯的重要關係，甚至發現理所當然卻遺漏的文化重要性，並以意想不到的規模呈現在讀者眼前。請大家多多指教。

——出發！現在就展開一場發酵的冒險吧！

在我成為發酵設計師以前

「你為什麼會自稱發酵設計師呢？」

第一次接觸的人幾乎都會問我這個問題。我總會露出害羞的笑容，回答：「哎啊，因為我很喜歡微生物啊。」便草草帶過。不過，剛好趁著現在這個機會，說明一下這段奇特的過程吧。

大學接近尾聲時，我休學一年，把背包客的旅程當作學生的最後階段，前往法國巴黎進修藝術（這段經歷將在第五章詳述）。當時，我的所在地是東部的移民地區美麗城（Belleville）。這裡有許多來自非洲、亞洲、東歐的移民，他們比法國人還要醒目，我在這個混雜多人種的環境過著快樂的生活。後來回到日本，我錯過了大學生找工作的階段，在沒有找到工作的情況下畢業了。這段無所事事的空窗期間，心想「反正我會繪畫，或許可以從事插畫或設計的工作吧」，於是陸續接了一些零碎的案子。此時，有一間保養品公司的設計部門錄取了我，一直到我後來獨立創業開設事務所……二十五歲左右，我成為一位夠格的設計師，做起事來一點也不馬虎。雖然錯過找工作的階段，但學習藝術卻成為了我的人生轉機，可見人生沒有浪費二字啊。

從無事可做的發慌狀態，再到「工作再怎麼做也做不完」的喜悅，我每天工作到很晚，結束後又與朋友玩到早上，這種情況不斷地重複上演。直到有一天早上，「咦？我的身體怎麼動不了？」全身形同殭屍般呈現僵硬狀態。有時走路會感到頭暈而昏倒，遇到風強雨驟的天氣，就會出現嚴重的耳鳴症狀。我甚至感覺不到全身的血液流動，任何食物都不覺得好吃，大腦完全無法靈活運作。就在此時，我兒時犯的氣喘與異位性皮膚炎再度復發，半夜一直咳嗽無法入眠，脖子與關節皮膚乾燥，情況非常糟糕。

當時，我工作接觸的對象是山梨縣一間味噌屋老店的么女（保養品公司的同事），以及她在大學時期的恩師、同時也是發酵學者的小泉武夫[1]老師。我與味噌屋的么女一起拜訪小泉老師的研究室，老師一看到我的臉立刻說：「你……看起來有免疫不全的問題。平常要多喝味噌湯，再吃納豆和醃菜。」老師極為強烈地要求我。

我回去照做之後，出現了不可思議的轉變，我漸漸地不再有早上低體溫與低血壓的問題。而且，氣喘與異位性皮膚炎也慢慢地好轉。

後來，我閱讀了小泉老師的著作《發酵真有趣（発酵っておもしろいなあ）》，開始產生興趣時，剛好味噌屋的么女委託：「拓先生，請幫我老家的味噌屋設計吧。」因此去了山梨縣一趟。

我來到一處放滿大木桶的味噌釀造倉庫，這個空間充滿了涼爽舒服的感覺。我決定在這裡多待一會兒，突然間有一個聲音：「小拓你聽得到我嗎？……我們是一群發酵菌，希望你把我們的事情告訴人類好嗎？……你現在能來我們這個世界嗎？」

我聽見微生物召喚的聲音（也許是錯覺，但我一廂情願的想法卻改變了人生）。彷彿受到微生物的聲音引導，我開始負責味噌的設計工作，出現了過去不曾體驗過的走紅現象。開始從事這份工作之後，來自日本全國各地的釀酒廠、醬油廠與啤酒廠等釀造商，紛紛邀請我負責設計工作。不知不覺之中，「日本有一位非常了解發酵的設計師喔」的傳聞就這樣擴散開來，我成為了一位與發酵關係密切的設計專家。

「如此一來，我不能再像往常一樣自稱設計師了吧？我只能正式加入研究微生物的世界了。」

1. 日本發酵學者。因大量撰寫飲食專欄而聞名。雖然他是引導我進入發酵世界的恩師，但他肯定不記得我的事情。

二〇一四年我下定決心宣布：「我是一位發酵設計師。從今以後，我只會從事發酵與微生物的相關工作，請大家多多指教。」過了三十歲，我揮別了過去的一般設計工作，利用空閒時間，進入東京農業大學釀造科成為研究生，重新走進微生物世界，正式開始學習相關知識。

這一刻，世界唯一的「設計師兼微生物研究家」，這項不可思議的頭銜就此誕生。

出發！現在就展開一場發酵大冒險吧

「你怎麼會冠上如此小眾市場的頭銜，從事這份工作呢？」

或許有人如此認為，然而我卻有十足的勝算。

事實上，發酵的產業非常龐大[2]。單看日本市場，光是食品產業就占了約五兆日圓。按照不同的定義，如果將醫療用品製造與環境技術等產業算在內，產值遠遠超過十兆日圓，是個足以與建築產業匹敵的龐大市場。然而，在這片藍海中的設計師只有我一個人。在微生物的世界裡，有著看不見的龐大金（菌）礦呢。當我發表「我是發酵設計師，今後請大家多多指教」的宣言之後，有好多意外且不可思議的委託紛紛前來洽詢。對象包括：打著發酵文化旗幟，想振興地區的地方政府；煩惱著該用什麼方式，才能讓一般大眾了解全新技術的企業；想讓生化學科的理科學生、設計學科的藝術系學生攜手合作的大學。

發酵設計師打破了設計包裝、宣傳手冊、網頁這種「典型設計師」的框架，我的身分有一半是研究者，一半是溝通者，成為技術與文化的橋梁，這正是發酵設計師最重要的職責。因為，世界上充滿了各式各樣的需求。

另外，發酵文化也是一種地方文化。大多數的委託，來自東京以外的偏鄉小都市或農、漁村。無論是山上、平原、大海或河川，不同的風土孕育出不同的發酵文化。為了做好設計專案計畫，我必須仔細調查每一個地區的歷史、風俗與地質，否則無法完成具有說服力的設計。

聰明的讀者們應該察覺到了吧。我運用了大學時期的文化人類學方法理論，例如：拜訪地方的鄉土資料館挖掘歷史；訪問村裡長老探聽過去人們的生活方式；仔細調查農業或

2. 參考日本經濟產業省（等同於我國經濟部）的參考資料《微生物遺傳資源相關的新整備計畫、利用促進方策》（2013年發行）。

釀造現場以了解生產的完整過程。文化人類學者的田野調查（Fieldwork）不僅是門學問，也對設計的現場工作有相當幫助。

就這層意義而言，我在成為發酵設計師的同時，或許也實現了一部分成為文化人類學者的夢想。

再講一點我的際遇，就要告一段落了。

去了各個不同的地方，我把這些過程整理在自己的部落格上，許多雜誌與網站的編輯看過之後，前來委託我撰寫專欄文章。於是，我開始寫世界各地的發酵食品與鄉土文化，這種以文章分享給大眾的工作也增加不少。

接著，閱讀這些文章的地方政府職員與食品相關工作者也來詢問：「要不要來嚐嚐看我們的發酵食品呢？」連這種與設計完全無關的邀約都來了。「好啊好啊！我要去嚐嚐，非常樂意。」於是我去了各個地區，等回過神時，感覺自己就像民俗學者宮本常一（雖然有點小題大做）過去的工作一樣，在各地穿梭，觀察並記錄每個地區的發酵文化。

乍看之下，我的人生似乎一直在文化人類學、藝術、設計、發酵……這些不同領域中繞路，卻因為在味噌釀造倉庫與微生物的一場邂逅，受其指引而把這些知識組成一個完整的拼圖。可說是我全心投入發酵的未知世界，以文化人類學者身分四處奔走、進行田野調查的經驗累積。

本書《發酵吧！地方美味大冒險》藉由設計師的「手」，拾獲全國各地奔走時的物品，透過發酵專家之「眼」觀察，並借助文化人類學者的「大腦」思考，它正是一種不斷往下挖掘的野外紀錄（Field notes）。在人生繞著遠路時，我把拾獲的各種智慧與技術，經由「拼湊組合[3]（Bricolage）」當作應急的登山工具，期盼有朝一日，我能超越引領著我的這群資深前輩，登上更高的頂峰。

幾千年來，發酵使人類著迷不已，它就像一座既險峻又充滿溫柔的高山，我的目標正是登上它的頂端。走，現在就一起出發吧！

3. Bricolage由法語「Bricoler」（業餘人士的工作、利用假日自行居家修繕）而來，主要指運用手邊現有的工具和材料來拼湊組合完成物品。

本書的閱讀指引

本書將透過發酵，深入挖掘人類的文化，這是世上極為珍貴的一本「發酵文化書」。不過，它既不是所謂的發酵入門書，也不是文化人類學的專業書籍。在正文開始以前，我整理出讀者對本書應有與不應有的期待項目。

【可以有的期待】

・了解發酵文化的有趣之處
・同時，大致能了解文化人類學的主題
・間接加深對人類起源與認知構造的見識

【不應有的期待】

・學習發酵的系統知識
・學習文化人類學的系統知識
・了解發酵食品健康機能與美容效果

換句話說，本書並非某種學問的入門書籍。雖然我會解說部分發酵食品的製作方法與發酵過程，但卻不是按照教科書的依序解說方式，甚至還會有許多一般書籍不會提到，深入且狂熱的話題。

除此之外，書中還會摻雜許多從發酵與文化人類學衍生出的生物學基礎、遺傳學、宗教、設計、藝術等各項主題，我將以「什錦雜燴式的單口相聲」方式來介紹。

其實，並不是說不能以知識書來閱讀，但如果大家能將本書當作一本「旅遊指南」，前往人類與微生物交織出的奇妙微觀世界，展開一場美好的旅行，就是我最大的榮幸。

請您以自己喜歡的步調、隨心所欲的見解來閱讀本書吧。

COLUMN

1

發酵到底是什麼呢？

「冒昧地想請教一下。如果要你天天吃，撒上鹽的醬煮黃豆與味噌這兩種料理，你會選擇哪一道呢？」

如果有人這麼問，我猜幾乎所有人都會回答：「當然是味噌啊！」

然而仔細想一想，不管醬煮黃豆或味噌，它們的原料都是黃豆。但為什麼味噌就是每天吃不膩，充滿了豐富多層次的風味與香氣呢？

其中的祕密就在於微生物。人類肉眼看不見的這群生物，讓食物變得更美味。一種名為麴菌的特殊黴菌附著在黃豆之後，就會轉變成富含鮮味與香醇的味噌；如果葡萄上附著酵母（Yeast），就會轉變成充滿香味的葡萄酒；牛乳接觸乳酸菌之後，就能轉變成酸味中帶著清爽的優酪乳。

微生物發揮對人類有幫助的這項作用，我們稱之為「發酵」。

微生物＝生物的第三類

動物、植物、微生物，這三種類是最典型的生物分類。包括：能夠吃東西並且移動的生物、不能移動且能產生光合作用的植物、肉眼看不見的微生物。

そもそも発酵とは… 所謂發酵……

発酵菌

人間に**有用**な微生物が働いている過程

對人類有益的微生物
發酵作用過程

反対に腐敗とは… 相反地腐敗是……

人間に有害な微生物が働いている過程

對人類有害的微生物
腐敗作用的過程

ばい菌

壞菌

所謂的發酵，就是由第三類的微生物擔任主角所引發的現象。

事實上，微生物是地球上繁殖最旺盛的生物。例如，空氣或土壤中、皮膚的表面，住著好幾億、兆的微生物。就像植物能產生光合作用、動物能到處移動吃其他生物一樣，不可思議的微生物能若無其事地活在無光又缺氧的地底、深海，以及冰河、火山。從南到北、天空到海底，地球上的任何一個角落，都住著無數的微生物。

在這些微生物之中，出現了一種極為罕見「親近人類、有益於人類的微生物」。

發酵文化是微生物創造的技術結晶！

這群傢伙叫做「發酵菌」，其特性可區分為下列三項。

過去的時代不像現代有電冰箱，能夠存放大量食材、維持食物的新鮮。人類為了度過寒冬以及容易腐敗的炎夏，發酵就成為延續食材、保存食物的一項重要技術。若定義食品中的發酵功能，可歸納出三項特性。

以前面提到的味噌來舉例說明：

①不會腐敗：醬煮黃豆大約一週就會臭酸腐敗，但是味噌就算過好幾個月也不會腐敗。

②營養十足：味噌富含優質的蛋白質、胺基酸與多種維他命。

③美味可口：非常好喝，每天喝味噌湯也不會膩。

發酵菌的種類

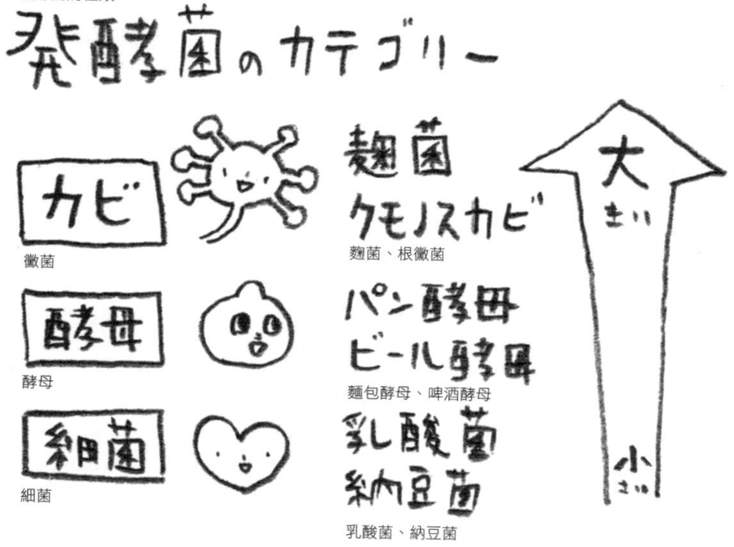

発酵菌のカテゴリー
カビ
黴菌
麹菌
クモノスカビ
麴菌、根黴菌
酵母
酵母
パン酵母
ビール酵母
麵包酵母、啤酒酵母
細菌
細菌
乳酸菌
納豆菌
乳酸菌、納豆菌
大きい
小さい

發酵食品的特性是……

③美味可口

①不會腐敗

充滿各種好處！

②營養十足

以上為發酵的三項特性。

人類注意到這些特性，仔細觀察並挑選出少數隨著時間流逝卻不會腐敗，反而越來越香、越來越美味的食物，進而研究其中奧祕，找出釀造法並持續地琢磨技術，讓任何人在任何時刻皆能重現這項食物，這就是所謂的發酵「文化」原點。

「發酵」是前人的智慧結晶，一般最廣泛的定義是：

對人類有益的微生物發揮作用的過程。

這句話可以用來說明什麼是發酵。

另外，與發酵呈現完全相反面象的「腐敗」則是：

對人類有害的微生物發揮作用的過程。

我們可以如此定義它。

因此，大致上可以這樣分類：

對人類有幫助的就是發酵，
沒有幫助的就是腐敗。

也就是說，發酵如同一種普遍的、唯物論般的概念，在本質上可說是「以人類為中心、唯心論般的概念」。

嗯……這樣的形容是不是太難懂？

總而言之，就像「愛只存在於戀人之間，發酵也只存在於貪吃的人身上」。

以生命工學的角度定義，發酵在生物界中是一般普遍的科學現象。

然而，若以序章中提到「人類的喜好」此一面向去看，就能從發酵中發現哲學、文化人類學的樣貌。

在正文裡，我們將在科學與哲學、主觀與客觀、微生物界與人類世界之間往來穿梭，同時深入挖掘「發酵到底是什麼？」，請大家多多指教。

PART 1

ホモ・ファーメンタム

HOMO FERMENTUM

～發酵，故我在～

發酵的冒險開始啦！

歡迎來到發酵的世界！

本章提要

第一章的主題是「人類與發酵的相遇」。當我們發現微生物的作用豐富人類的世界時，*Homo fermentum*就此誕生了。如同日本創世紀中，也曾出現一位名為「迦徽」的神明，祂為人類發揮重要的功能。

主題

- □ 人類與發酵的相遇
- □ 麴的起源
- □ 發酵與神明的關係

Homo fermentum

從北方西伯利亞的冰河到南方的熱帶雨林，世界多人種都起源於同種，那就是*Homo sapiens*（智人）。二十萬年前，出現在非洲大陸的智人形成了民族，在歐亞大陸移動，過著狩獵、採集的生活。一直到距離現在六千年前，智人定居於地中海東部地區，建立了古代美索不達米亞文明與古埃及文明。

超過三千年以上的古埃及壁畫上，畫著人們榨取葡萄釀造葡萄酒，以及用鹽醃魚使其熟成的景象。因此，發酵的起源，可說伴隨著最古早的文明一起出現。儘管如此，在更早以前，人類可能就曾經釀酒舉辦過宴會了。

已收穫的大麥、小麥遭到洪水淹沒，發現時已開始膨脹冒泡。任由它一直泡在水中，最後就成了啤酒；而揉捏烤過後就成了麵包。

另外，把收穫的葡萄榨成果汁存放在一旁，不久之後，便會飄散出一股芳香，在不知不覺中，葡萄的甜味消失，取而代之的是獨特的酸味與甘醇。這就是葡萄酒的誕生。

接下來以科學的角度來解說。

大麥在發芽之後，麥芽（Malt）會因為植物本身的酵素作用[4]，於麥粒中儲存糖分。此糖分中附著一種名為酵母的微生物，正確來說應稱為啤酒酵母菌[5]（*Saccharomyces cerevisiae*），它能產生酒精與二氧化碳氣泡。因此，啤酒中的大量氣泡與酒精並非人為添加，而是由微生物製造。

麥磨成麵粉後加水揉捏，未經發酵烤過後是麥餅（Chapati），讓它發酵烤過後則是饢餅（Naan）。饢餅之所以會膨脹，正是因為酵母產生二氧化碳，才會使麵團表面膨起來。我們吃麵包之所以不會醉，是由於烘焙過程中酒精都蒸發掉了。經由烘焙使得麵包膨鬆柔軟，真不愧是酵母展現出的力量[6]。

那麼，葡萄酒的情況又是如何呢？葡萄酒也

4. 有關酵素的作用將在COLUMN 4中詳述。
5. 此種酵母能夠製造出俗稱酒精的乙醇（Ethanol）。又稱為麵包酵母。

是經由酵母發揮作用才形成的。野生酵母會密密麻麻地布滿在葡萄皮上，葡萄成熟後表皮會裂開，或者掉落地面。此時，葡萄皮上的酵母就會吸收葡萄中的糖分。並且開始發酵（原理與前述的啤酒基本上相同）。葡萄汁分明很甜，但葡萄酒卻沒有那麼甜，這是因為酵母把糖分吃掉的緣故。雖然少了甜味，但酵母發酵時會在葡萄汁中產生酒精、香氣與甘醇，因此搖身一變，成為香氣濃郁的酒精飲料[7]。

葡萄酒只要保持密封狀態，就會比葡萄汁還不易腐敗。這是因為酵母產生的成分與酵母作用，能夠防止其他雜菌接近使其腐敗，可說是酵母撒下了一層堅固的防護網呢。好喝又能長期保存的葡萄酒，實在叫人心情愉悅。我想所有的人都會善用酵母這招來釀酒吧？

生活在古代文明的人，一定會為此感到興奮：「雖然不知道什麼原因，但只要在適當的環境與時間，準備好大麥、小麥與葡萄，就能讓它們變成最棒的食物呢。啊嗬！」接下來，人們會將各地最美味的料理寫成食譜，因此到處都會充滿做麵包與釀酒的人。

從這裡開始，人類就進入轉變期了。

身為*Homo sapiens*的智人，發現肉眼看不見的奇妙生物，正發揮著作用，於是找出方法，把這種力量系統化，融入自己的文化與日常生活。在這一刻，「*Homo fermentum*（發酵者，我擅自命名）」就此誕生，可說是「人類與看不見的微生物彼此對話」產生火花的瞬間。

大家一定曾經在電視上看過，猴子或斑馬吃下熟透的果實之後，走起路來搖搖晃晃的影像。事實上，這些動物並不會像人類一樣「親自動手使果實發酵」。然而，「人類之所以成為人類的主要因素究竟為何？」彷彿哲學家一樣對自己提問，發酵設計師的我做出了一個結論：因為發酵，所以我存在。而同時，因為黃湯下肚，所以失去記憶。

日本人與發酵黴菌的相遇

日本最古老的歷史資料《古事記》，出現了一段描述「八岐大蛇[8]酒醉倒地被斬殺」的情節，我們可以確定的是，當時使用米或水果釀酒。我推測可能在更早之前，人類已經開始釀造某種飲料，不過根據公認的歷史文件記載，日本人首次出現的釀造者，是在

6. 關於發酵作用將於第四章詳述。
7. 葡萄酒的發酵原理將於第五章詳述。

一千三百年以前。

我想在此特別提出，《播磨國風土記》中有一段詩歌描述如下：「大神の御粮沾れてかび生えきすなわち酒を釀さしめて庭酒を献りて宴しき」（獻祭神明的溼飯發黴，接著人們以其釀造美酒，祭神歡宴）

由於原文以古文書寫，所以我用自己的語言來濃縮一下重點：「獻給神明的米飯長出了黴而釀成酒，大家開懷暢飲，來一場歡樂派對唷！」

如此一來，就可以唱成一首狂歡派對〈Party people〉之歌了呢。不過重點在於，光是看「米飯長出了黴」與「釀成酒」這兩個字，實在很難聯想其中的關係。

「黴……？豈不是會腐敗嗎？」

一般而言是這樣沒錯，但東亞流傳著一種叫做「必殺黴發酵」的傳統，相信很多媽媽一定都知道。特別是在日本，「運用黴的發酵技術」是極為發達的一項文化。前面提到了「西方（地中海）的發酵起源是酵母」，相較而言，我們也可以定義「東方的發酵起源是黴」。不僅東亞，對於日本的發酵文化來說，黴的發酵絕對不可或缺。就像在奧林匹克運動會，日本擅長的「拿手絕活」是柔道與花式溜冰項目一樣。

那麼，我趕緊來介紹吧。

「停留在米上，把它變成酒的微生物」，真面目叫做日本麴黴[9]，它們大多生存在稻田與稻子上，是屬於一種特殊的「發酵黴」。這種日本麴黴一般稱為「麴菌」，是日本特有的發酵菌。在以和食為主的日本飲食文化中，麴菌是不可或缺的重要微生物。

在說明日本麴黴之前，先來談談什麼是黴菌。

黴菌在微生物中體積最大，而且屬於

靠酒把八岐大蛇打倒！

8. 於日本神話中出現的大蛇，擁有八顆頭的駭人怪物。
9. 歸類於散囊菌綱（*Eurotiomycetes*）的黴菌，拉丁語的學名為*Aspergillus oryzae*，是代表日本的「國菌」。

高度發達的「真菌類」。黴菌是介於植物與動物中間的不可思議生物，它主要分為兩大部分，也就是相當於植物根部的「菌絲」，以及相當於莖、葉的「孢子」。

雖然黴菌的身體構造與植物非常相似，但不同的是黴菌並不會產生光合作用，而是像動物一樣必須吃其他食物才能存活。比方說，我們在林間散步時，一定看過水果、動物的糞便或昆蟲屍體上，包覆著一層毛茸茸的霧狀物，那正是所謂的黴菌。

黴菌附著在有營養的食物上時，首先會生根（菌絲）來吸收營養，接著會長出葉子（孢子），最後完全包覆食物。等待成長到一定程度時，前端部位的孢子囊會將孢子散播出去。這些孢子會停留在空中、地面、草木的表面

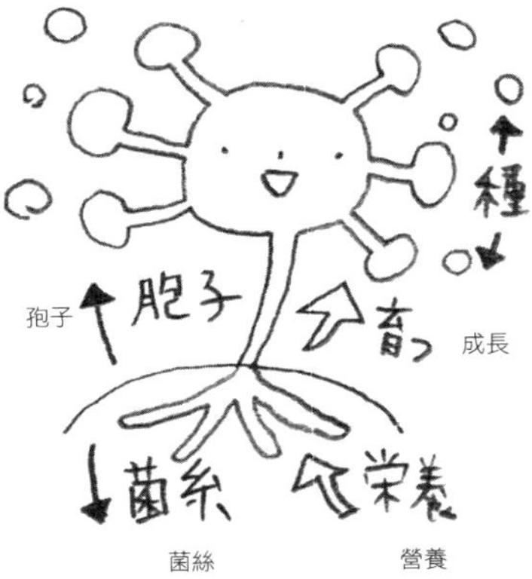

上，暫時進入冬眠狀態，然而一旦發現食物，就會甦醒過來吸收食物營養，如此周而復始地生存著。

「小拓到底講到哪裡去了呢？黴菌與發酵到底有什麼關係？」

沒關係，再等一下您自然會明白這段內容的意義。

像這樣，黴菌是吃掉死去生物的「分解者」，它握有維持自然生態平衡的關鍵（但黴菌中也有像殺手一樣，捕捉其他生物後殺死的可怕黴菌）。

我在此想強調的是，「黴菌在微生物中的分解能力特別強」這一點。乳酸菌或醋酸菌這些微生物雖然同樣能分解有機物質，但必須在一定的條件下才能進行分解。請大家想像，就像為它們特別舉辦一場男女聯誼活動，害羞的男女主角身旁的親友，拚命推薦「這小子為人超棒的」，甚至還幫他們代筆寫情書，最後好不容易才促成男女主角約會成功。

相反地，黴菌是一種侵略型的微生物，明知道對方已有戀人，還想主動積極地與對方約會，讓橫刀奪愛的計畫成功。因此，黴菌的生命力不容小覷。不管是在森林裡、池塘邊、完全阻隔外界的新建RC（鋼筋混凝土結構）時尚公寓大樓，黴菌照常輕鬆適應。包括冷氣機的送風口，或者附著在浴缸邊，黴菌能吸收油脂皮垢等養分進行繁殖，甚至會讓您喜歡的書變得破破爛爛（因為紙張原料的植物纖維，也是一種屍體）。

黴菌的存在，可說是肉眼可見的動物、植物世界，與肉眼看不見的微生物世界之間的一座橋梁。

如此一來，黴菌可以分解一般細菌無法分解的堅硬植物，吃掉它的細胞壁，甚至能夠分解龐大動物身體中複雜的有機化合物組成，轉變成單純的細微物質。接著，這些被分解的細微物質，就成為比黴菌更小的其他細菌所吸收的養分。

那麼，我們再次回到「米飯發黴釀成酒」的話題吧。

在供奉神明的米飯上所發現的日本麴黴，到底做了什麼事呢？原本生存在稻田中的日本麴黴，最喜歡的就是稻米了。然而，生米堅硬，日本麴黴難以附著。假如米沒有加熱變軟，就無法被日本麴黴吃掉。如同《播磨國風土記》詩歌中提到「御粮沾れ（溼米飯）」，是「糯米（蒸熟的米）因為溼氣變潮溼」的一種狀態。米在加熱過後會變軟，這時再加上溼氣，對日本麴黴來說，正是最理想的環境。就像在東京都心的上班族，心中想像「初夏，美麗的週五傍晚，在新橋高架橋下的居酒屋，舉起生啤酒乾杯」的美好畫面一樣。

日本麴黴附著在這種「感覺良好的潮溼糯米」上，會生根進入米粒裡，吸收米中主要成分之一的澱粉質熱量。在吸收澱粉質的過程中，澱粉質會被分解為糖分。

提到一般黴菌，大家都會認為它是對人類有害的微生物。但是以日本麴黴為代表性的這些發酵黴菌，其強大的分解能力，反而對人類有非常大的幫助，是一種相當珍貴稀有的黴菌呢。

日本麴黴不斷成長，會在米粒四周布滿白色的孢子，因此米粒會呈現白色毛茸茸的狀態。就像前面提到糞便與昆蟲的屍體，包覆著一層霧狀物體的現象一樣（舉了一個令人噁心的例子，真是抱歉）。

黴菌的孢子使米粒變得毛茸茸，觀察之後，澱粉質已經完全轉變為糖分。也就是說，米變得像葡萄一樣甜了。黴菌的分解力量，可以把米變得像果實一樣。

接下來，我想請大家回想一下葡萄酒的發酵過程。

酵母的食物就是糖分。日本麴黴布滿毛茸茸的菌絲，把米的澱粉質轉為糖分。對酵母來說，糖分就像是「初夏，美麗的週五傍晚，在新橋高架橋下居酒屋」的情況一樣呢。

由於酵母進行發酵時需要水分，必須將乾巴巴的米浸泡在水中。接著，酵母就會輕飄飄地進入水中，將米中儲存的糖分吃掉，製造出酒精與二氧化碳；也就是與葡萄酒產生相同的發酵作用。

我想許多人都曾經看過這樣的情景：日本釀酒廠的酒桶中，液體表面出現白色的泡泡。這種情況正是「酵母把麴黴分解出的糖分吃掉並且製造出酒」。就像黴菌與酵母，這兩種不同的微生物夥伴，進行交棒的接力賽一樣呢。

如果沒有生物學的基礎知識，或許會很難理解這種「細菌共同作業」的方式。舉個例子來說，日本麴黴就像「發酵界中的塔摩利[10]」。只要塔摩利先生與其他藝人搭檔，就能發揮出該藝人的真正本領。當然，塔摩利先生即使單打獨鬥同樣多才多藝（例如：以四國語言打麻將），但他具有發掘藝人、偶像明星、主持人實力的本事，是一位以此著稱的知名主持人，同時也是日本演藝圈中不可或缺的大牌主持人。經驗尚淺的新人，一旦與塔摩利先生站上舞臺，觀眾就能看見新人的實力。

日本麴黴也是一樣的（雖然這樣比喻可能會讓塔摩利先生不悅），獨自存在時，可以製造出優質的營養成分與風味，一旦與酵母或乳酸菌搭檔合作時，日本麴黴就能化身為優秀的製作人，打造出讓它們更閃耀的舞臺。這些微生物彼此合作，使發酵能夠順利地進行，不易分解的穀物養分，也能因此分解得更細碎完整。日本麴黴將自身的優異能力，提供給其他微生物使用，可說是一種利他的發酵菌呢。

倘若仔細觀察日本麴黴的生態，就一定能明白我所謂「黴菌的存在，是連接不同生物之間的橋梁」這句話。什麼！還是無法明白？接下來，這些內容依然會持續不斷地出現，我建議您現在最好立刻放棄，把這本書送給其他喜歡發酵的朋友。

發酵黴菌打造了獨特的飲食特徵

日本麴黴在米上產生毛茸茸的物質，在日語中寫做「糀（こうじ）」。這是因為附著在米上的白色孢子，生長時彷彿花開，因此形成這個漢字；這種感覺相當地羅曼蒂克。

然而，日本人平常不使用「糀」這個漢字，通常還是使用麥字邊的「麴」作為標準。「麴」指的是米、麥、黃豆等穀物，經由一般發酵黴菌生長而成的產物，它源自於中國的漢字（目前中國以「曲」取代這個字。中國古代曾經有日本糀字的原型「䴬」，如今已不再使用）。

相較之下，糀這個漢字，在穀物之中專指稻米、在發酵黴菌中專指日本麴黴；只有這兩者才能使用這個漢字。而且這個和製漢字，也只有在日本才會使用。

10. 塔摩利：タモリ。日本家喻戶曉的主持人。本名為森田一義，「塔摩利」的日文發音同「田森」。

試著去比較日本與中國這兩個漢字，兩國飲食文化的特徵就會浮現出來。然而這到底又是指什麼呢？

中國一般使用的麴，是把小麥、大麥或高粱等多種穀類與藥草類磨成粉，再加水揉捏成糰狀或塊狀，就像日本湯圓或年糕的形狀一樣，再以有別於日本麴黴的其他發酵黴菌來繁殖。例如：根黴菌（*Rhizopus*）[11]或毛黴菌（*Mucor*）[12]。這種製作方法歸類為「餅麴」，若仔細觀察中國的傳統市場，偶爾可以發現到餅麴，但卻不像在日本一樣，每間超市都能夠買得到麴。

這種麴主要用於製造紹興酒或白酒等，酒精濃度極高的蒸餾酒。釀造法大致上與「米飯發黴釀成酒」的原理相同（日本與中國各有許多不同的釀酒方法，所以無法一概而論）。但中國不像日本一樣，會將麴運用在調味料或醃漬物上。

相較之下，日本的糀則是將日本麴黴平均分散在蒸熟的每一粒米上，並使其繁殖。這種方法並不是中國的「餅麴方式」，而是「米粒分散方式」，因此歸類在「散麴」這種製作方法裡。這種方法遍及日本東南西北各地區，若說它是日本和食中最重要的食材一點也不為過，大家能在街上一般的超市輕易找到。

「糀」除了用於釀酒，還能運用在調味料、甜點（如甘酒）與製作醃漬物的米糠床，用途非常廣泛。假如有一天，糀突然從日本消失的話，日本人做料理時恐怕會手足無措，最後只能依賴冷凍調理包，趁著使用微波爐的空檔，癡癡望著YouTube中的可愛貓咪影片——淪落成一個這樣的民族。

順帶一提，在日本，人們也會讓麴在麥與黃豆中繁殖，不過並不是用麴餅方式，仍然是使用分散的方式使它發酵。

接著繼續深入研究。

中國的麴使用的是根黴菌（雖然有時也

日本麴黴附著於米粒上　　使所有穀物發酵的黴菌

11. 屬根霉科（*Rhizopodaceae*）的黴菌，是東亞洲常見的發酵黴菌。

12. 屬毛霉科（*Mucoraceae*）的黴菌，通常會使食物腐敗，但卻有助於酒精發酵。

會使用毛黴菌，但為使文章脈絡清楚易懂，現在起統一使用根黴菌），日本的糀則使用日本麴黴。雖然它們都是發酵黴菌，但這兩種黴菌卻有著明顯差異。

首先，中國的根黴菌喜歡麥與雜穀更甚於稻米。實際上，根黴菌也大量存在於麥穗的表面。另外，比起加熱過後的穀物，我們更容易在新鮮的穀物上取得根黴菌。它的孢子無法生長得那麼長，因此菌絲會往深處延伸。所以中國的麴不像日本的糀表面呈現毛茸茸狀，而像是往乾燥磚頭裡扎根所產生的紋理一樣。

相對地，在日本島國裡，生長在稻田中的日本麴黴最喜愛稻米。比起生米，加熱之後的米更容易取得日本麴黴，比一般的黴菌更加喜歡乾燥的環境。日本麴黴的孢子會隨意伸長，但菌絲的生長就顯得普普通通。在米粒表面上的毛茸茸孢子會交纏在一起，就像波斯貓毛呈現的紋理一樣，根據黴菌種類的不同，其紋理也會呈現出不同的差異。

最近幾年，我開設一堂學習製作糀的工作坊，即使沒有任何專業知識，任何人都能輕鬆地參加。業餘人士製作的糀，表面上雖然呈現了毛茸茸的狀態，但剖開米粒觀察內部，卻能發現菌絲並沒有深入到中心部位。或許，日本古代不太發達的技術，也會出現相同的情況吧。相較之下，中國的麴，根部竟密密麻麻地深入麥麴中心數公分處。這兩種「養分吸收方式的差異」，就成為了日本與中國發酵文化的關鍵，產生截然不同的味道。

中國的餅麴。根黴菌的菌絲能夠深入其中。

我們試著歸納整理，就能發現日本與中國在設計上的不同策略，如何取得黴菌青睞。

中國「麥的麴餅方式」，是為了迎合根黴菌的生長喜好，因而反映在設計的結果。人們使用根黴菌喜愛的材料，同時讓它的菌絲能盡情隨意地深入，打造出具有一定深度的地基（有一定厚度的麴餅）。接著，就算在沒有空氣的情況下，根黴菌也能任意地往麴餅地基的深處扎根並持續成長。

相反地，日本的「米粒分散方式」，同樣也是為討好日本麴黴而出現的設計結果。米粒之所以粒粒分散，正是為了替它們爭取更多孢子能夠延伸的「面積」，因此必須犧牲掉「麴餅方式」中的「深度」。不過，對於成長需要吸收更多氧氣的日本麴黴來說，「分散方式」能接觸到更多空氣的表面，反而是更有效的辦法。

如果您親手做就會明白，分散方式是為了確保最大的表面面積，因此必須將米一粒一粒分散開來。我們不採取「煮飯」，而選擇「蒸米」方式，是因為習以為常的煮飯，會使米粒變得柔軟黏稠，導致每一粒米都黏在一起。相較之下，使用蒸米會讓米粒的內部逐漸溼潤，但表面依然維持乾燥，米粒不會彼此黏在一起。如此順利地蒸完之後，我們只要輕輕一撥，就能輕易將米粒分散開來。

日本式的糀，是迎合日本麴黴的「獨棟式主義」。米粒彼此貼在一起的「住宅大樓」會令它窒息，無法自由自在地成長。嗯……我是指微生物，並不是講人類的情況。

如果日本朋友取得中國的麴，或許會感到疑惑：「為什麼外觀會設計成這樣？」但如果知道答案，就會覺得很合理，這一切都是為了配合菌種特性的最佳設計呢。

通常設計師在設計之前，事前會仔細觀察市場與目標客戶。同樣地，古代中國與日本的人們，也同樣以微生物作為觀察對象，接著才想出最適合的設計。先人擁有「觀察自然界的卓越眼光」，絕非等閒之輩呢。

接下來，還是要繼續談論這個話題（因為我有窮追不捨的性格）。日本與中國運用不同的設計，使不同的發酵黴菌進行發酵，這兩種「麴、糀文化」同時創造了不同的味覺。

根黴菌產生風味的特徵是「酸味」。根黴菌從穀物成分吸收能量的過程中，會製造出大量的酸。這種酸是一種防護[13]，防止其他雜菌接近。因此，中國的麴不易腐敗，可以更簡單地長期保存。

13. 詳細說明請參照COLUMN 2。

輕爽的清新　　沉穩的醇厚

最早使用這種麴菌發酵釀造的酒是紹興酒，這種酒產生的風味是酸中帶苦。好喝的紹興酒至少需要五年的熟成時間，這是為了中和酸味與苦味的必要時間。隨著漫長的熟成時光，紹興酒的味道也會越來越醇厚。過去，我曾參加中國籍同學的朋友為慶祝成年所舉辦的活動，喝下了他出生那年釀造的二十年紹興酒。對於才剛開始習慣啤酒的年輕小夥子來說，紹興酒的滋味實在是過於猛烈啊。接下來談日本的糀產生的風味，它最大的特色就是「甘味」。日本的糀是甜的，由於日本麴黴製造糖分的能力比根黴菌還要強的緣故。但相反地，不會像根黴菌一樣製造出酸味，所以其他的雜菌比較容易入侵，並不利於保存，釀造者必須特別留意發酵與保存的環境。

在中國野外地區，有許多人毫無顧忌地賣著麴菌，基本上這在日本是無法想像的，因為一旦雜菌入侵，味道與香氣就會遭到破壞。

日本人之所以「細心敏感」，正是源自於製造糀時的獨特細膩技術。除了打造隔絕外界的密室——「麴室」，在寒冷乾燥、雜菌較少的時期中，更需要精確地掌控時間，才能順利完成糀的製造（一般情況下大約四十四至四十八小時）。

試著比較相同的酒，紹興酒需要好幾年的熟成時間，才會充滿酸味並產生厚實的風味；相較之下日本酒在釀造完成後，毋需長期靜置，基本上就能飲用它的新鮮狀態——甘甜、充滿果香、清新怡人。若是嚐到上等的吟釀酒，肯定會為其細膩的風味神魂顛倒[14]。

不僅味道，在香味上也有不同程度的差異。中國上等的紹興酒或白酒，會讓人聯想到「帶著刺激般的酸甜，充滿南洋水果香氣」的鳳梨；然而上等的日本酒，則會想到「沉穩的甘甜，高雅柔和香氣」的香蕉。順帶一提，中國的商業應酬場合，有以白酒（中國蒸餾酒）乾杯的慣例。雖然白酒有各種等級，不過最高等級的白酒，上面會寫著「待客專用」，而且酒精濃度高達六十度，是極為猛烈的酒。然而，一旦湊近杯口，水果般的香氣會撲鼻而來，不禁使人舉杯高喊：「乾杯！」一飲而盡，甚至還會一杯接一杯。等到回過神來，雙腳可能會無力而不支倒地，但先倒下去的人，必須吞下勝利者開出的條件，這是中國特有的一種商業談判模式。我記得自己也曾出席好幾次這種「白酒大賽」，最後都會喝到全身癱軟無力。

像中國這樣需要多年、甚至幾十年熟成時間的發酵食品，在日本極為罕見。日本大概

14. 實際上有各種風味的日本酒，詳細說明在第五章。

僅需一年，最多三年以內就可以品嚐（即使稱為古酒，陳放二十年的酒也相當罕見）。所以相對地，日本最明顯的特色，就是保留了新鮮清爽，以及原料的細膩風味。

我去了中國之後，發現到處都充滿了文化大革命以前發酵的茶或酒；如同對照歷史的感覺一樣，中國經常以百年單位的長軸去看待並掌握事物，日本則著重於放眼追求未來幾年的新趨勢。

日本與中國在思考與喜好上的個性差異，也反映在微生物特性差異上。甚至，我們還可以這麼說，中國與日本受到了不同微生物的影響，因此產生出截然不同的民族個性。

以中國為代表而象徵著大陸的亞洲文化，若要在發酵文化人類學中定義，那就是「根黴菌文化」；而身為島國的日本文化，可定義為「麴黴文化」。這是因為發酵菌與社會的性質極為相似。

第一章裡，我為發酵者定義——「因為發酵，所以我存在」，然而從另一個層面去看，可說是「因為受到發酵菌的影響，決定了人類的屬性特質」。

就像古希臘傳說中兩條蛇交纏的構想一樣，發酵文化是在人類與微生物相互作用的過程中交織而成的吧。

名為迦黴的神明＝麴菌

從前面介紹到現在，我整理一下麴的相關說明。日本的糀指的是日本麴黴，一般稱之為麴菌。麴菌附著在散開的蒸米上，表面產生毛茸茸的菌絲稱為糀。而附著在穀物上的發酵黴菌，產生毛茸茸的菌絲，整體稱之為麴。麴的整理大致如上。

接著回到本文。

日本的麴文化起源是從日本酒開始。前面文章曾經提到《古事記》的記載，它描述日本歷史首次出現發酵的相關場面——威脅人類生命的怪物八岐大蛇，身上八顆巨頭各自喝下巨大酒桶中的酒，在醉倒之際遭到殺害。儘管發酵帶給人一種溫和的感覺，在這裡卻讓人產生非常暴力的第一印象（不僅限於日本，許多神話的起源都極為殘酷）。

讓八岐大蛇醉倒的酒稱為「八鹽折之酒」，以當時的語意來解釋是「反覆八道程序釀造的酒」。把第一次釀完的酒當成水，再接續下一次的釀造……如此過程重複八次之後即大功告成，聽起來就像開玩笑般的奢華美酒。

由於古代釀酒技術不如現代那麼先進，因此才想出以酒釀酒，提高酒精濃度的方法吧。但如果真的反覆釀造八次，酵母會因酒精濃度太高而無法生存（酒精濃度超過二十度，酵母就會死亡）。我想這應該是神話中特有，一不小心就添加誇大情節的傾向吧。

這種「以酒釀酒」的釀造方式，現代稱之為「貴釀酒」，它能使一般的酒起死回生，變成高級酒，讓人享受到濃厚的甘醇風味。但一定要重複釀造八次才行啊。

若要釀造八桶高級酒，每一桶重複八次釀造程序，總共需要六十四桶普通的酒才能完成。在《古事記》時代，日本人已具備「組織動員大量釀酒的基本能力」，所以才能一次完成六十四桶高級酒的釀造工作。

為何如此大費周章呢？因為酒是超越嗜好品的「神聖液體」。

就像基督教文明中的葡萄酒一樣，酒與宗教、上帝的概念緊密地結合在一起。許多文化人類學者遠赴美洲大陸與亞洲部落社會，同樣在原住民舉行的祭典儀式上，目擊他們飲酒之後進入一種恍惚的狀態。

酒是神賜予人類的神聖之物，它能誘導一個人從日常的「褻」進入非日常的「晴」[15]之中，是人類與神的世界聯繫的催化劑。

就這層意義而言，每週五傍晚，東京新橋高架橋下的居酒屋，就成為了平日提不起勁的上班族大叔們與神聯繫、進行「神聖儀式的場合」。乍看之下，我們以為他們在大吐職場苦水，但若仔細聆聽，或許就能聽到，他們對爆怒上司發出的黑魔法咒語。而喝到隔日清晨，倒在垃圾堆的粉領族姊姊，我們同樣無法確定她是否實際上為「進入恍神狀態的女巫[16]」。大家可千萬別小看了新橋高架橋下的居酒屋啊。

話題再回到古代日本吧。

目前，伊勢神宮與出雲大社等重要神社，仍保留著名為「酒殿」的空間。直到日本中世（西元十二至十六世紀），酒的釀造一直都在神社裡的一隅。祭祀過後，供奉神明的米會直接拿到酒殿沾上麴菌釀酒。在日本近代（西元十六世紀）以後，人們大多在冬季釀酒，然而神社會選擇在六月進行。因為這個時期剛好遇到梅雨季節，米容易受潮發黴，所以是最適合釀酒的時期。

就像在比利時偏僻地區的一間修道院，修道士向神祈禱，同時釀造著精釀啤酒一樣，日本神社也有名為酒司的技術人員，負責釀造日本酒。根據相傳至今的釀酒配方，它像是比較甜的濁酒（どぶろく），也是日本新年在神社參拜喝甘酒的起源。

15. ハレとケ（晴與褻）：由日本民俗學者柳田國男提出的日本人傳統世界觀。ハレ（晴）代表非日常，如宗教儀式、祭典或傳統節慶；ケ（褻）則代表日常。

16. 在日本神社中侍奉神明的神職工作人員，通常由年輕未婚的女性擔任。

在神社釀造的酒，運送到八岐大蛇出沒的地方，為日本帶來和平的生活。

接下來，請站在當時酒司的立場，試著想像一下。

神所賜予的穀物中，米具有肉眼看不見的發酵黴菌＝召喚麴菌。接著，米的表面綻放出如同白色花朵般的物體，將它浸於水中之後，就成為了神之液體＝酒。

若將米當作神的身體，酒就是神的體液（Essence）。而將其精華萃取出來的媒介正是麴菌。麴菌是神派遣的使者，同時也是不可思議的珍貴黴菌。

秋天，收割後的稻米會用來釀酒。釀完的酒在人們飲用之前，會先行獻祭給神明。正月神社中祭祀神明的酒，其起源正是由此而來。

人類獲得神的身體，再將其萃取的精華體液送還給神，作為豐穰與和平的感謝祭品[17]。接著祈願神明再次重生。另外，正月過年家家戶戶會喝「屠蘇酒」，源於「屠絕鬼氣，蘇醒人魂」的說法。就像打倒八岐大蛇，使日本的民族之魂重生，這就是酒的起源，同時也是發酵的起源（即使週末在新橋喝個爛醉，星期一也會復活回魂去上班）。

若思考邪惡與神聖之物交錯在一起的「發酵起源」，可以參考日本文化人類學者山口昌男[18]曾經提及「歷史起源中的混沌」。

在古代日本，神帶來秩序，也帶來災厄，這兩面同時並存。打倒八岐大蛇的須佐之男，同樣也是令人束手無策的「狂暴之神」。如此思考就能發現，讓八岐大蛇醉倒的酒，同樣也具有正反兩面的作用。酒可以作為感謝神明賜予人們豐收的「清酒」，同時也能解放飲酒者的暴力，變成讓平日溫和順從的部屬飆罵上司的「暴酒」。酒之所以能讓八岐大蛇醉倒，一方面是「清酒安撫神靈」的功效，另一方卻也有著「暴酒打倒怪物」的作用。在發酵歷史的起源中，這兩者始終共存著。

為何在發酵的起源中，酒與神會緊密地結合在一起呢？因為兩者皆有著「秩序與破壞的兩種面貌」。一個人在喝酒時，理性會逐漸麻痺，得以窺見混沌的邊緣（特別是滴酒不沾的人在極短時間內就能看見）。儘管如此，大家在出席有關親戚、團體組織、神明祭典的各種正式場合時，酒的存在卻又不可或缺。不管如何想破頭，都會覺得件事充滿矛盾，但正因為這種矛盾，才能夠證明「發酵起源的混沌力量」確實存在。在混沌邊緣的神，有著秩序與破壞的兩種面貌，同時也是混沌自然與文化秩序之間的中介者：

17. 後續內容將在第六章詳述。

18. 日本文化人類學者。活用符號學的知識展開文化分析。以道化理論著名。

人們面對混沌＝自然，以稻田的方式形成文化，確認存在＝秩序[19]。

人們整頓混沌的原始自然稻田，並於稻田中種植收割，接著建立一個有秩序的群體。接著，把收割完的稻米釀造成酒，所具備的功能是：「為了確保『秩序』，因而喚醒『混沌』。」

社會形成以後，為了治理人民，必須維持一定秩序。然而，為使秩序長存，必須定期召喚極為複雜的混沌，讓日常（褻）受到非日常（晴）的撼動，以防止秩序變得枯燥乏味。就像與維持穩定的戀愛原理相同，有人會適時給對方震撼教育，「我可能不再喜歡你了……」（真的還假的！）。

在日本，酒的起源來自發酵，能夠從天然混沌中取得超自然的力量，成為埋入人類社會的一種設計裝置。而能夠驅動這項裝置的關鍵，就是這群肉眼看不見、彷彿超自然般存在的發酵菌所發揮的作用。

……如此思考後，就能明白酒源自發酵，其中也具有秩序與破壞的雙重面貌。畢竟發酵與腐敗只有一線之隔。即使是再美味的酒，一旦放太久就會臭酸而飄出惡臭。倘若這些兇狠的細菌乘隙而入，食物也會成為破壞人類健康的一種暴力。

我們對腐敗恐懼是由發酵所形成的，只要任何事物都在發酵，秩序就能維持下去。然而，發酵所製造出的快樂，有時候也會使人腐敗。人類畏懼秩序與破壞中的愛欲，同時卻又持續為之著迷而瘋狂。

酒，以及製造出它的麴，乃至於發酵技術，都與「日本民族的靈性（Spirituality）起源」有著密不可分的關係。

人類產生神的概念，進行祭祀儀式時，從類人猿進化為智人。人類以神為媒介，為大自然的恩惠進行加工，改善自己的生活，持續地創造革新。但同時，人類也不斷擔憂，害怕自己的力量，有一天將會暴衝失控。

人類帶著善與惡的煩惱，在持續進化發展的同時，身邊總是伴隨著神派遣的使者——發酵菌。

這就是*Homo fermentum*誕生的瞬間。

19. 引述山口昌男的著作《文化與兩義性》第5頁內容。

COLUMN 2

區分發酵與腐敗

食物的發酵與腐敗，長久以來一直是悠關人類存亡的問題。本來食物就已不夠充裕，若是再腐敗，人類肯定會挨餓。

另外，如果不小心吃下了腐敗的食物，不僅會吃壞肚子或生病，情況惡化甚至會導致死亡。因此，不讓食物腐敗，就等於延續生命的同義詞了。

防止食物腐敗的四大智慧

過去，人類尚未發展出冷藏技術與防腐劑，為使食物不易腐敗，到底運用了哪些智慧來保存食物呢？

大致上可分為：

・以發酵菌來防護。

・以鹽、砂糖醃漬。

・控制pH值（酸鹼性）。

・使用高濃度的酒精。

這四項皆與發酵技術有著密切的關係。

接下來將逐一介紹。

⊙以發酵菌來防護

請大家回想一下第一章葡萄酒的內容。

只不過幾天的時間，葡萄汁就會酸臭腐敗。但如果讓酵母菌在葡萄汁中繁殖到一定的數量，酵母製造的營養成分與酵素（有關酵素將在COLUMN 4中詳述），就能發揮作用，阻擋微生物入侵造成腐敗現象。

⦿以鹽、砂糖醃漬

保存食物的基本方式是以鹽來醃漬。只要把鹽分濃度提高到百分之十，所有生物的細胞膜，幾乎都會因為變化急遽的滲透壓而壞死（這與把鹽灑到蛞蝓身上而融解的原理相同）。無論蛞蝓或微生物，細胞的基本構造都相同，所以對阻擋雜菌非常有效。

「咦？味噌不是也放了一堆鹽進去嗎？」這不愧是觀察入微的人所提出的問題。促使味

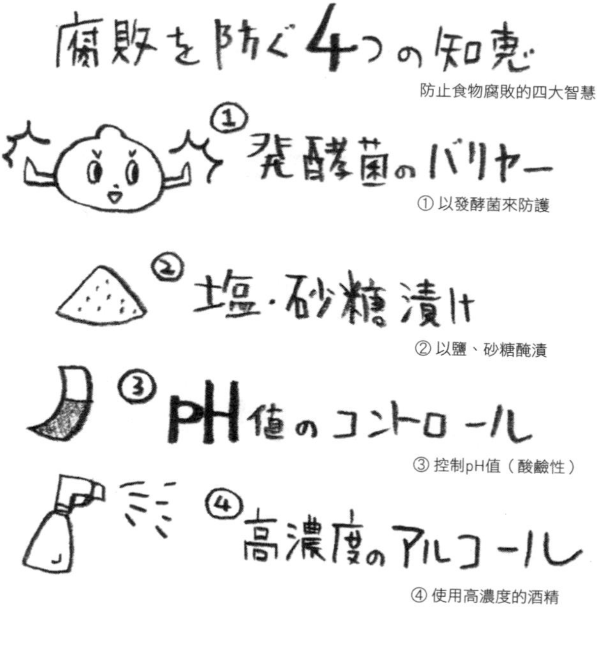

防止食物腐敗的四大智慧

① 以發酵菌來防護

② 以鹽、砂糖醃漬

③ 控制pH值（酸鹼性）

④ 使用高濃度的酒精

噌發酵的微生物屬於例外，因為它們是「非常耐鹽的發酵菌」。日本有許多耐鹽性強的發酵菌，這是由於讓食物腐敗的壞菌非常多，所以醃漬的文化必然會發達。

順帶一提，砂糖也是相同的原理。例如，果醬這類的保存食品，也是運用了「滲透壓的變化以防止壞菌入侵」的機制。

⊙控制pH值（酸鹼性）

一般而言，食物與液體的環境屬於中性（pH值約6.0至8.0），許多微生物都能在此環境中活動。也就是說，若環境偏向強鹼或強酸，就能防止雜菌的入侵。如果製成醋漬物（Pickles），就會產生強酸；以煙燻方式會產生強鹼，這些方式都能防止腐敗發生。

另外，製造優酪乳的乳酸菌屬於酸性；麴菌則屬於耐鹼性的發酵菌。

⊙使用高濃度的酒精

若環境中的酒精濃度達百分之二十以上，幾乎所有微生物都會死亡。在沖繩準備釀造味噌前，雖然會以泡盛酒擦拭醃製桶，但這與我們在家裡使用酒精消毒的原理相同。需要長時間熟成的甘甜味醂，也是多虧了酒精才得以完成。

人們經常在發酵食品中輪流運用這四種方法。比方說，味噌第一步驟需要以鹽醃漬黃豆，接著讓鹽裡的乳酸菌繁殖，待酸鹼值下降，再加入麴菌或酵母菌打造防護網來打倒雜菌。

任何人皆能輕鬆釀造出自家味噌。這樣的文化得以廣泛流傳，實際上也是因為「即使隨便做也不會失敗」的緣故。

「保存」原理的差異

發酵食品中的「保存性＝不會腐敗」，其原理與便利商店賣的食品「保存性」大為不同。當發酵菌繁殖時，能夠阻止微生物入侵食品而防止腐敗；但是便利商店的食品，則採取了化學方式保存，只不過是防止所有微生物入侵而延緩變質的速度。換句話說，這種方式只是暫時把時鐘的指針停止而已。

然而，發酵食品不會腐敗，它會隨著時鐘指針轉動而持續改變風味。

到底是要停止時間？還是讓時間成為盟友？即使同樣是「保存」，兩者的基本概念卻相去甚遠。

到底是要停止時間？
還是讓時間成為盟友？

PART 2

風土と菌のブリコラージュ

風土與菌的拼湊組合

～自製味噌與DIY風潮～

大家一起來
Let's 自製味噌吧！
Let's 自製味噌！
レッツ
手前みそ!

本章提要

第二章要來談「自製味噌與DIY風潮」。
本章將以李維史陀（Lévi-Strauss）的概念為基礎，介紹親手做發酵食品的樂趣，以及進一步深入味噌的世界。為什麼自製味噌的風潮現在會如此興盛呢？

主題

- ☐ 什麼是Bricolage？
- ☐ 自製味噌實在令人開心！
- ☐ 開放文化的釀造方式

李維史陀的「靈巧工作（器用仕事）」

我最尊敬的文化人類學者，李維史陀[20]，曾經提出一項著名的概念：「Bricolage」。

在法國，有許多人在日常生活中，利用假日自行居家修繕或DIY稱之為Bricolage。這個字彙帶有「業餘人士善用各種東西，下工夫拼湊組成實用物品」的語意。李維史陀在蒐集世界各地的神話時，始終抱持疑問：「為何世界上會誕生這麼多不可思議的神話故事呢？」後來，他在主要著作之一的《野性的思維》中，就曾定義「神話思維是一種運用智慧的拼湊方式」。其中有一段話是這麼說的：「神話思考的本質，是由各式各樣的元素形成。儘管這些元素包羅萬象，卻有所限度。然而，人們仍運用這些有限的元素，在神話中展現自己的思維[21]。」

「靈巧之人」運用手邊現成的材料進行拼湊組合，這種人與概念明確、絲毫不浪費、事先準備好材料製作物品的「工程師」站在相反位置。李維史陀對於靈巧之人的工作方式，做了以下闡述：

> **這種人會試著查看、逐一清點到目前為止，自己蒐集的所有工具與材料，必要時會再一次仔細調查。接下來則是重要關鍵，他們會與工具與材料展開對話，再從這些現有資源的排列組合中，找出能夠解決當下問題的答案。**

這段話完全可以套用在發酵這件事情上面。如果把「神話」置換成「發酵文化」，靈巧之人置換成「釀造的人」，我們就能說Bricolage的概念，正不偏不倚地象徵著發酵呢。

我在世界各地旅行時，同樣也產生了疑問：「為什麼世界上會有這麼多種發酵食品呢？」我想是因為各地「沒沒無名的釀造家」擅長拼湊組合，蒐集了當地所有能夠運用的資源，與它們對話，才釀造出

20. 法國文化人類學家。善於運用語言學、數學邏輯科學等方法，分析世界各地的民族神話與親屬關係。

21. 引用李維史陀的著作《野性的思維》日文譯版第24頁。

拼湊組合
運用手邊現有物隨意DIY！

工程計畫
根據計畫設計施工

既美味又有益人類的發酵食品。

我再補充一點，釀造家同時還會與工具、材料，以及微生物交談對話。什麼？你覺得這太誇張了？其實一點也不會呢。養牛的人都會與牛說話，在田裡耕種的人也會與農作物以及天空說話，它們的道理都是相同的。

傾聽微生物的技術

閱讀古書《風土記》就能了解，西元十六世紀以前的日本，人們日常並不像現在一樣擁有豐富的食材。不僅沒有進口的番茄或馬鈴薯，也因為遵守宗教戒律而不能吃家畜肉類。所以能吃的食物，就以山菜、海產、野草或野生動物的肉，加上最主要的田圃農作物——稻米、黃豆、麥，成為餐桌上的食物組合。

其中，最主要的營養皆來自田圃。過去的人在水田除了種稻，還會在田邊種植黃豆，利用寒冷時期種植裡作作物——麥。

人們把這些「各式各樣卻有限度的資源」運用到極致。也就是說，必須把這些食材釀造成不會腐敗，既營養、美味又吃不膩，經由「拼湊重組而成的發酵食品」。

舉例來說，我們試著分解「納豆拌飯」這道組合：飯＝米；納豆＝黃豆；醬油＝黃豆與麥——這些食材完全都在田圃中取得。如果再加上「豆腐味噌湯」：豆腐＝黃豆；味噌＝大豆與米或麥。天天吃納豆拌飯，再加上豆腐味噌湯，不僅不會餓死，也不會因為單調而感到厭煩（反而可能在重複過程中獲得快樂）。

只靠「田圃三兄弟」——米、大豆、麥——即可上餐桌的祕訣，當然就是發酵的技術啦。借助微生物的力量，就從以相同的食材製造出完全不同的風味。這簡直就像把掉落在路邊的石頭、泥土、廢材，打造成一個家、食器或灶爐，如同李維史陀提出的拼湊組合概念一樣。

如何做好發酵食品中的「拼湊組合」，仔細聆聽並分辨微生物的聲音是非

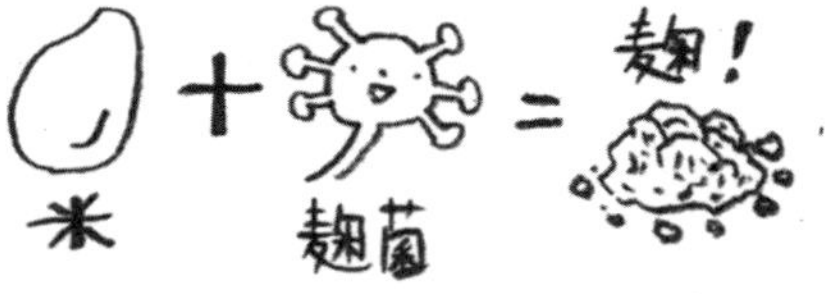

米＋麴菌＝麴！

麴＋酵母＝酒！

酒＋醋酸菌＝醋！

常重要的事。

黃豆接觸納豆菌會變成納豆，接觸麴菌則會變成味噌。米若接觸麴菌則變成醋，把麴泡在水裡會喚來酵母轉變成酒。酒若接觸醋酸菌會變成醋。麥與黃豆接觸麴菌，泡在鹽水中就能釀造成醬油。

微生物（發酵菌）與發酵的關係密不可分，能以有限的材料產生奇蹟，宛如煉金術一般神奇。

這群「煉菌術師」擁有控制發酵菌的力量，能夠聽出微生物的不同聲音。接下來，我將透過麴的實例來介紹說明。

味噌屋與酒廠的麴

同樣是麴，味噌屋與釀酒廠所用的麴完全不同，無論是外觀上或本質上皆然。味噌屋的麴像波斯貓一樣毛茸茸，酒廠的麴有著粉雪堆積般的外觀。即使同樣是日本麴黴，符合每一種菌種生存的環境條件都有差異。若能掌控好這些條件，就能設計出它的「功能」。此時，身為「靈活運用發酵」的釀造家做了哪些事情呢？

大家還記得前一章提到黴菌生態的內容嗎？黴菌有葉子（孢子）與根（菌絲）。一旦改變葉子與根的平衡生長條件，所生成的營養素也會改變；關鍵就在於溫度與溼度。

　　通常味噌屋培養麴菌，最高溫度控制在攝氏三十七至三十八度、溼度在百分之百左右。如此一來，便能形成培養麴菌的成長環境，讓「孢子持續生長，啊嗬」。於是孢子就能不斷伸展，變得毛茸茸像波斯貓毛一樣。這種波斯貓毛狀的麴，能夠使麴的兩大風味「甜味」與「鮮味」中，鮮味變得更強。相較之下，酒廠麴菌的環境條件，最高溫度控制在攝氏四十二至四十三度、溼度從百分之百開始慢慢地

酒麴　　味噌麴

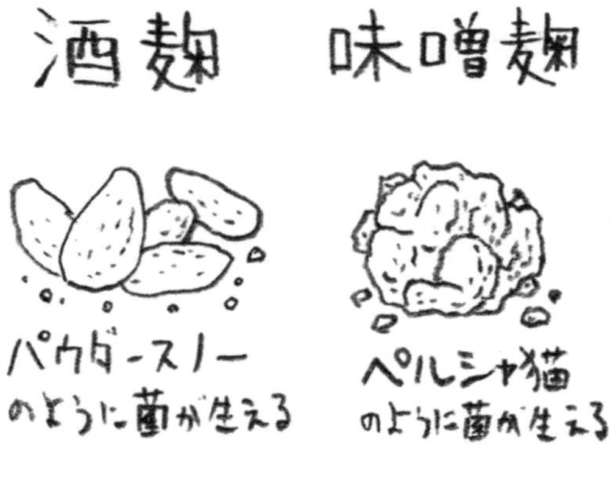

產生如粉雪般的菌　　產生如波斯貓毛狀的菌

蒸發，最後溼度約下降至百分之四十左右即完成。若變成乾爽狀態，麴菌的孢子就沒有辦法盡情地向外伸長。因此，麴菌會進入「忍耐模式」，菌絲會往米粒深處生長，努力存活下去。它的外觀之所以看起來像粉雪狀，就是因為孢子沒有生長得那麼長。在這樣的狀態下，再提高環境溫度，麴菌的鮮味就不會提升，但卻能產生大量的甜味。

簡單歸納重點，就是味噌屋培養麴菌採取較放任的方式，而酒廠則非常嚴格。

美味可口的味噌，主要在於鮮味，甜味適中即可。這種鮮甜味的平衡，剛好需要「波斯貓毛型」的麴菌，其孢子能夠盡情地伸展。相反地，好喝的美酒（特別是高級酒），為了釀造出更甘醇的味道，需要菌絲往內部深入的「粉雪型」麴菌。味噌中所需的鮮味，在較放任的釀造過程中，有時候會轉變成雜味。

希望大家發揮想像力——味噌屋的麴是「盡情成長並且可愛萬分的偶像等級」；酒廠的麴是「從小開始接受極為嚴格的訓練，只為長大成為超級模特兒」。

身為「靈活運用發酵」的釀造家，必須仔細觀察微生物在食材中的生態，努力找出符合其特性的運作方式。釀造家無法改變發酵菌本身的特性，因此必須用心傾聽它們的聲音，找出有益於自己的方式來培養它們。釀造家挑選出存在於自然界的素材，將其改變成有助於自己的形態；這正是拼湊組合中的「與自然展開對話」，同時也是在發酵界中「與微生物的對話」。對釀造家來說，微生物是「肉眼看不見的微小自然」，它能在有限的食材中打造出無限的美味，並且持續帶來偉大的靈感。

自製味噌象徵著發酵的拼湊組合！

擅長運用現有物品拼湊組合的靈巧之人（Bricoleur）與專家（Engineer）站在相反的位置。起初創造神話故事、在祭典中製作各種器具，以及為款待而開發料理食譜的人，都是「無名卻靈巧的人」。也就是說，剛開始充滿好奇心的都是業餘人士。

當然，發酵的領域也相同。就像我們不曾聽過○○主廚發明的酒，也未曾看過○○博士申請醬油專利一樣。在現代的餐桌上，能出現如此多種發酵食品，得歸功於過去幾百年、甚至幾千年前的無名貪吃鬼、沒沒無名的母親，他們長久以來傳承著「不私藏的極致美味醬汁」。如今，大眾可以在超市輕鬆買到專業製造商生產的酒類或醬油。然而，在一百年以前，家家戶戶自行釀造是理所當然的事。在二戰過後，政府制定出各種法律與規定，於是發酵食品就從「自己親手釀造」轉變為「需要花錢購買」。

在此借用李維史陀的名言，就是從靈巧之人變成專家了。在這個時候，發酵文化也從DIY轉變成美食等級了。

然而，進入二十一世紀，發酵文化又再次回歸DIY，開始掀起一股風潮。最具代表性，就是在家裡透過自己的雙手，釀造味噌而「引以自豪」的文化。

「小倉小弟說得一副了不起的樣子。你的根據又是什麼？」

呵呵。這當然是根據我的經驗。

大概在八年以前，我開始接觸山梨縣的味噌老店、五味醬油（將在第六章詳述），以及推廣「自製味噌工作坊」。現在與當時的情況相比，實在不可同日而語。

即使一開始打出「親手釀造味噌」的宣傳，也只吸引了在學校提供營養午餐的阿姨們前來而已。然而，二〇一一年發生了東日本大地震，自此產生了相當大的轉變。年輕的母親更加重視孩子的健康，許多對有機食品產生興趣的都市人都來參加工作坊，「自製味噌」的風潮才開始逐漸擴大。

二〇一二年，我與五味醬油一起合作，獨立製作了一部〈得意洋洋的自製味噌之歌（手前みそのうた）〉的動畫歌曲。由於這份契機，我與山梨縣北杜市的幼兒保育園、小學展開一項飲食教育合作計畫。大家一起在音樂課中唱歌跳舞，在家庭科的課堂上實際教大家製作味噌，意外地實現了「唱唱跳跳動手做味噌」的計畫。

這堂課在北杜市一炮而紅，孩子們不停反覆哼唱著「味噌味噌♪」，對此疑惑的家長們紛紛打電話詢問市公所：「這到底是怎麼一回事？」隨著口耳相傳，這股熱潮不久之後遍及日本全國。不知道從什麼時候開始，日本各地的學校與社區動手自製味噌，就成為理所當然的活動（老王賣瓜一下，或許我與五味醬油製作的動畫歌曲發揮了一些效果吧）。

從鄉下一個小小地區誕生的熱潮，接著流向了熱鬧的都會地區。來自東京市區的藝文空間，以及科技企業活動的承辦人員來問我：「我們想與您合作，舉辦自製味噌工作坊的課程。」雖然不禁疑惑：「真的還假的？」不過在開課之後，竟然出現爆滿的盛況，參加的藝文創作者與好品味的商務人士，各個都開心地享受親手做味噌的樂趣。就在這一瞬間，「莫非，新的熱潮即將開始了……！」

我心中出現如此預感。李維史陀的「Bricolage＝DIY精神」，就在這群優秀的年輕朋友手上再次重現了。從那過後一直到現在，無論在都會或鄉下地區舉辦自製味噌的工作坊，皆場場轟動、座無虛席。不管男女老少人人稱讚，這項活動成為了親子同樂的招牌課程。原本漸趨式微的「自製味噌」，為何能再次掀起熱朝？值得大家一同探討關注。

自製味噌受到歡迎的原因

首先，我想從技術層面的觀點來談。具體而言，釀造味噌的人做了哪些事情呢？

將煮熟的黃豆，混合麴與鹽攪拌，再放入釀造桶中靜置。

基本上只有這些步驟，總而言之非常簡單。「自己動手做味噌？好像很難……」儘管沒試過的人會擔心，然而一旦親手去做，就會覺得：「啊！怎麼那麼簡單呢。」

只要做起來簡單，就代表往後可以輕鬆反覆地做。許多朋友體驗自製味噌之後，不少比例的人都養成了「每季自己釀造味噌」的習慣。這些人從黃豆、麴到釀造味噌皆一手包辦，帶著熱忱的自製味噌專家相繼地出現。

自製味噌有不易失敗的優點。希望大家能參考COLUMN 2。釀造味噌時，須添加原料比例至少百分之十的鹽巴，這麼做是為了防止雜菌的入侵，能形成保護味噌的防護網。另外，由於味噌是固狀物，不易受到空氣（氧氣）的影響而產生氧化腐敗的現象。因此，我們能夠輕鬆打造讓發酵菌盡情發揮作用的環境。

甚至，我們能夠輕易打造出獨特的風味，這是釀造味噌的一大魅力。味噌具有「釀造簡單，但發酵過程複雜」這兩種面向。隨著條件不同的熟成環境與時間，就算在同一個地方，以相同的材料去釀造，味道也會隨之改變。其中最令人驚訝的，就是由盆栽團體舉辦「自家味噌品評會」的活動。一群人在同一天、同一個地點釀造味噌，分別靜置半年以及一年之後，再次集合，品嚐彼此釀造的味噌。「哇——獨特的辛香風味真是絕妙啊！」

味噌的發酵

鹽

黃豆

鹽的保護！
防堵壞菌

麴

麴菌
麴菌→鮮味、甜味

乳酸菌→酸味

酵母→香味、甘醇味

以多種菌來分解黃豆，
釀造多層次風味的調味料！

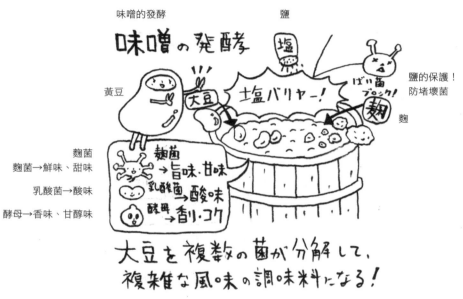

「這……充滿濃濃的鮮味與甜味，一吃就叫人上癮啦！」在大會中，大家帶著對味噌的愛讚美彼此。今天我認為在某個地方，一定也舉辦著味噌的品評會吧。

還有還有，我們能從每個不同的地區，觀察出各地的釀造特色，非常有趣。味噌的原料比例不同，釀造結果會產生極大的差異。例如，九州地區的自製味噌放了非常多麴；東北地區的自製味噌則是黃豆較多；東海地區只使用黃豆釀造自製味噌；關西地區也出現僅花一個月熟成的白味噌；我居住的山梨縣，味噌的作法則是將麥麴、米麴混合，以此作為標準釀造方式。

釀造味噌並沒有一定的「標準」，只有各個家庭在不同地區的標準與特色。正因為味噌有地區性、多樣性，才能顯現味噌文化的重要精髓。

接下來，我將從社會層面的觀點，考察自製味噌造成風潮的原因。

由於味噌的釀造方法簡單，也不容易失敗，還能創造出獨具特色的風味，相當適合初學者DIY。試想，如果需要靠自己務農才能取得食材，這種難度未免太高。然而，自己動手做味噌不須如此麻煩，即使一般都會上班族，也都可以輕鬆體驗成為「調味料製作者」。事實上，自行釀造味噌剛好能喚醒現代人心中靈巧之人的靈魂。不同的人釀造出不同的味道，不同的地區創造出屬於地方的特色，這代表味噌的組合變化，能使各地區不同

日本的味噌MAP
九州
麥味噌
東日本
米味噌
東海
豆味噌

群體的人們，享受親手製作的樂趣。這也是自製味噌工作坊能從鄉下地區拓展到全國的原因。如果參加各地舉辦的活動就能明白，自製味噌工作坊是「重新確認該土地鄉土飲食文化的場域」，認識土地與農業的特色，發現不同味噌作法的差異，了解鄉土飲食傳承的多樣性，使大家重新找到「我們的慢食」，充分發揮這個場域的功能。另外，工作坊並不是以「學習會」這種拘謹的方式進行，而是親子一起動手做，在快樂的活動中來學習。

好處還不只這些。自製味噌工作坊也能為地方帶來永續性的發展，這是我多年以來，在不厭其煩舉辦的活動經驗中體認到的事實。自製味噌工作坊並非「一次就結束」，而是能夠經常定期舉辦的活動。

「又過了一年，除了品評會，我們順便再釀造一次吧？」

「這次採用在地農家的黃豆試試看吧。」

「話說回來，還不到一年，我上次做的味噌已經吃完了啦。下個月再集合大家，一起釀造味噌好嗎？」

像這種情況的發展頻率與次數越來越多。接下來，社區的其他居民看到後，便感到興奮：「那些人是不是在製作味噌啊？」於是，他們便以新手身分加入自製味噌的行列。如此循環持續不停，最後政府機關的長官甚至表示：

「大家一起來推廣自製味噌的活動，我們必須提高黃豆的自給自足比例才行啊。」

不久之後，與我年紀相同，三十多歲、負責宣傳工作的山田小姐說：「好像有一首唱唱跳跳動手做味噌的動畫歌曲耶。」

她透露消息之後，上司表示：「那就拿這首歌來辦活動吧。」

若能按照這樣的計畫推廣下去，不就能掀起一場自製味噌的全民活動嗎（妄想）？敬請閱讀本書的讀者，盡可能在自己的社區舉辦「唱唱跳跳動手做味噌的工作坊」。請大家善用以下的歌詞吧——

♪

把黃豆放進鍋裡　加水後再開火

壓力鍋煮二十分　一般鍋煮三四小時

味噌　味噌　味噌　得意的味噌

在家裡做吧　家裡的好味道

味噌　味噌　味噌　得意的味噌
家家戶戶　都能釀出獨特的好味道

把麴放進料理盆裡
從上方撒上鹽巴
用手攪拌好幾次
麴就會變好香

黃豆煮好後放一段時間
努力把黃豆搗碎
鹽巴和麴也攪和在一起
揉成圓圓的丸子
把丸子投進大桶子裡
用手把它弄平整

家家戶戶　都能釀出獨特的好味道

〈得意洋洋的自製味噌之歌〉
作詞、作品：森 YUNI 動畫：小倉拓

撒上鹽巴　蓋好蓋子
度過夏天　大功告成

味噌　味噌　味噌　得意的味噌
在家裡做吧　家裡的好味道

味噌　味噌　味噌　得意的味噌
家家戶戶　都能釀出獨特的好味道

♪

找回過程裡的樂趣

就像我前面提到的自製味噌內容，發酵是「不藏私的極致美味醬汁」。這一群沒沒無名的母親兼釀造家，傳承了累積好幾百年的智慧，自由地在各個家庭裡以自己的作法樂在其中。如此的多樣性與低門檻，形成了深厚的「文化底蘊」。

無論高明或笨拙、業餘或專業、紅味噌或白味噌、米味噌或麥味噌，全部都是正確解答，因為「家家戶戶都能釀出獨特的好味道」。釀造味噌的人找到屬於自己的樂趣，若能不斷精益求精，一定能了解其中的深奧之處。

如果有人研發出新的釀造方法，大家會交換資訊，分享給在地夥伴的每一個人。而完成的味噌，也會與大家一起分享、交換以及品嚐。

許多人參加了我舉辦的工作坊，看到大家開朗的笑容，我不禁想：「到底是什麼原因讓大家如此開心呢？」

這一定是親手釀造發酵的人，在「體驗的過程中充滿了喜悅」吧。進一步深入研究我發現，「新奇事物＝Something new」對於感到疲憊的人來說，是「特別的事物＝Something special」，他們能夠藉此獲得能量而展現活力。

發酵樂趣的本質就在「過程」。自製味噌文化已經過了好幾百年，從過去到現在不曾間斷。雖然它並不是「新奇事物」，卻能為人們帶來「特別感覺」。觸摸黃豆與麴，開始釀造味噌，關注熟成的所有過程，這種「參與過程的滿足感」只有當事人才能體會。即使在相同場所，以相同的材料釀造味噌，過程中的感受也會因人而異。況且，發酵菌會隨著不同的環境，發揮不同的作用，每一個人都能釀造出屬於自己的特色風味。

參與釀造的過程令人開心喜悅。味噌完成之後除了美味可口，還能反映出釀造家本身的個性。自製味噌沒有絕對的正確解答，任何人皆可從中獲得滿足。

在這過程中，自然能找到屬於自己的價值、感覺到只屬於自己的Something special。

這就是自製味噌，以及親手釀造發酵食品的真實魅力，也是讓大家綻放燦爛笑容的原因。

這樣的喜悅還具有反制的力量，對抗現代人過度追求資訊所形成的「新奇事物主義」。此時此刻，我們能輕易地取得世界上的任何資訊，但卻也因此形成了這個時代特有的煩惱。我們很難認為「自己有特別的地方」，大家總是無法

公開智慧與努力的結晶！

忽略社群網站的動態，以及出現在各個媒體醒目的「頂尖成功人士」，容易在不自覺的情況下與他人比較。

另外，還有一種情況。

請您試著以Google搜尋自認為是獨一無二的點子，結果會出乎意料，發現地球的某個角落，早就有人用過這些創意了。在這樣的狀況下，有人為了尋求社會認同，仍堅持一定要找到Something new，只為了證明自己的價值。然而，除了極少數擁有才華且幸運的人以外，這種「新奇事物主義」，在現代社會裡可說形成了一種強迫觀念。一味重視「結果」的情況，我們看見它帶來許多弊害。如果拿不出好結果，就沒有人會認同自己的價值。在工作與人際關係上過度追求「結果」，實在叫人喘不過氣。

因此，我們需要再一次運用自己的身體與頭腦，試著回到「享受過程中的喜悅」，讓過去只重視結果的眼光，轉移到當前的釀造過程。把黃豆與麴混合攪拌，發酵作用就會自然地展開。接著，我們只需享受發酵的過程，後續就交給看不見的自然力量。越是樂其中，所釀造出的味噌就越美味可口，也越能感受到它的獨特之處。如此一來，我們可以將「屬於自己釀造的味噌」分享給家人或好友。人與人之間並非競爭的關係，透過分享，確認「自己就是特別的存在」。

在當下的那一刻，自己所感受到幸福毋須和誰計較，那是一種無法比擬的Something special。透過自己雙手釀造出美味可口的味噌，就是從追求新奇事物轉向特別事物的一大躍進。

網際網路與發酵文化的共通點

文化裡存在著正反兩面。

網際網路的發達帶來許多壞處，當然也產生了許多益處。我身為一位「資訊設計專家」的設計師，從國小開始熱衷電腦程式，在網路發展初期的狂熱社群中養成人格。也就是說，我是一位不折不扣的電腦御宅族。

追根究柢，我喜歡網際網路的原因，在於一心想實現「開放原始碼（Open source）」的願望。包括網路上的維基詞典；網路管理者的標準作業系統——Linux系統；以及FAB運動的推展——將3D列印設計圖上傳網路，分享給任何使用者製作產品。這些項目與自製味噌文化如出一轍，一路上以相同原理發展到現在。任何人都能跨越業餘或專業人士的立場，分享自己擅長的事物。這種集體智慧使得知識更為正確，任何人都能輕鬆使用，成為對大家有益的內容。

我主張：「發酵就像開放原始碼。」之所以說得如此堅定，是因為我的世代伴隨著網際網路文化一起誕生成長。發酵文化與網際網路在基本概念之中，有著不可思議的共通點，包括：開放原始碼、共享資料、大家跨越立場尊重彼此。

因此，我的動畫作品、創作角色、工作坊的進行方式，全部都公開透明，屬於網路上的開放資源。我會有這樣的想法，是受資訊技術專家Dominick Chen先生的引介，接觸創用CC（Creative commons）[22]之後所受到的影響。

大家在日本各地推廣飲食教育計畫時，可自由播放我創作的動畫作品。我在網路上公開的發酵配方，與工作坊的進行方式也都是開放資源，若將樂曲或動畫重新編曲混音也完全沒有問題。實際上，有人把〈得意洋洋的自製味噌之歌〉改編成電音版本，也有人編成舞蹈動畫上傳到YouTube平臺。甚至在各地的麴屋或味噌屋播放，當作店內宣傳歌曲也沒有關係。

發酵文化是從過去到未來的接力賽。

因為一段偶然的緣分，我從各地的母親與釀造家手上接棒。這根接力棒不應由我獨占，必須傳遞給下一個人。發酵文化的接力棒，就像微生物一樣，可以持續地增加。因此，我必須運用自己的設計技巧，盡可能地把接力棒傳遞給更多人，讓它發揮功能，成為從傳統走向未來的「連接點」。使復古懷舊的「傳統文化」更符合時代，帶著全新的魅力，成為綻放光芒的閃亮「文化」。最重要的是，讓這項接力賽持續不間斷地跑下去。

透過公開資源，文化就能夠更順利地永續發展。

透過專利與業界標準規格，持續地提升技術以及打造產業，都是非常重要的事。然而，同時公開技術與知識，增加釀造家也相當重要。打造產業與創造文化，就如同飛機的雙翼般缺一不可。

如果業界的技術與知識過度「保護與封閉」，就會造成業餘人士只會在一般店裡購買專業製造商大量生產的商品。起初，專業釀造廠為創造更多營收開發更多市場，讓消費者更方便購買，創造營收而產生良性循環。但是，為了利潤不斷創造市場，將逐漸陷入惡性

22.

創作者的作品在保有著作權的情況下，開放給一般人進行自由創作與混合創作，形成一個開放的創作環境。

循環。

消費者只有購買行為，不再自行釀造味噌，便會忘記「到底什麼是味噌」。接著，消費者就會提出需求：「既然不是很了解味噌，那就越便宜越好。」製造商為配合消費者的需求，只好對原料與釀造方式作出妥協，開始大量製造、提供廉價的商品。最後演變成「製造商只想賺取不義之財」、「消費者根本就嚐不出味道有什麼差別」，彼此漸行漸遠。如果持續放任這樣的情況，也許有一天，文化就會因此消滅殆盡，讓人不勝唏噓。

因此，我們必須再次規劃，從開放並且朝著DIY的方向前進。

文化必須由專業人士與業餘人士一起培養才能更茁壯。釀造的人無論再如何磨鍊技術，要是無法獲得技術的評價，就無法產生任何信心與價值。

倘若能自己釀造，就會明白完成味噌的過程以及美味可口的意義。同時，也會了解專業人士的厲害之處。因此，在店裡挑選味噌時，應帶著敬意確實掏錢購買。如果愛上味噌而養成每天喝味噌湯的習慣，消費量自然會大增，市場的餅（消費占比）也會越來越大；自製味噌與專業製造商的味噌也能因此共存。然而就真正的意義而言，正因為有釀造的人，才會有專業釀造的製造商。

我們生活在這個社會，每一個人都能透過自己的雙手釀造出「特別的喜悅」。培養自製味噌的習慣，就形同培育文化一樣。

讓我們大家一起來自製味噌吧！

COLUMN 3

發酵文化示意圖

無論走到世界任何地方，餐桌上一定會出現發酵食品，這表示著人們運用微生物力量的文化已深根固蒂。從世界各地都享用得到的標準發酵食品，再到某些地區熱情喜愛的在地發酵食品，發酵世界呈現的多樣性實在是不可勝數。

我大致上掌握世界發酵的全貌，以自己的方式呈現在意示圖上。

發酵在東方與西方的兩地起源

近來，我向歐洲與美國人介紹日本發酵食品的機會變多了。然而，實際上說明味噌與酒時，許多人都產生了「？」反應。

仔細思考，我認為大家感到困惑，是因為發酵文化在東方與西方的根源大不相同。

我粗略地整理。過去，東亞地區以中國為中心，在發酵的發展脈絡上，與過去美索不達米亞以及羅馬帝國一帶延伸到西方地區不同。

發酵文化的東西起源

東亞地區藉由黴菌
發酵出鮮味！

西方的發酵文化普遍以麵包、啤酒、威士忌等麥發酵，以及葡萄酒、蘋果酒等水果酒，再加上乳酪、優酪乳等乳製加工品為主。基本上氣候較為乾燥，不太需要添加大量鹽巴來阻擋雜菌入侵。我參觀了以特殊方法製作乳酪的過程，由於加入的菌種較少，並不會產生極度的鹹味、酸味或香味，呈現出以主原料進行單純釀造的發酵文化（實際到當地探訪，當然也會發現不可思議的發酵食品）。

相較之下，東方的發酵大多以黴菌進行釀造。例如：日本酒、紹興酒等穀物酒，以及釀造豆類與麥的調味料，還有以醋酸菌釀造椰子果汁而呈現膠狀的椰果，這些都是藉由各種原料與酵母菌的組合所進行的發酵。

不過，最值得一提的還是黴菌。包括日本和食、韓國料理，以及越南料理與印尼料理，這些國家都能釀造出共通的「鮮味」，因為這是東亞地區特有的發酵黴菌文化。由於環境高溫潮溼，人們大多運用鹽來防止雜菌入侵。而不參與發酵的微生物依然會發揮作用，產生鹹味、酸味或臭味，成為極為特殊的發酵寶庫。無論如何，這一切都反映出了地區與多樣性的文化表現。

標準發酵與地方發酵

除了由地區形成的以外，也有由喜好而形成的趨勢。

左圖是我自行分類整理的「標準發酵與地方發酵」。

發酵文化示意圖

標準發酵食品
麵包 啤酒
優酪乳 醬油、味噌

大家都好喜歡！

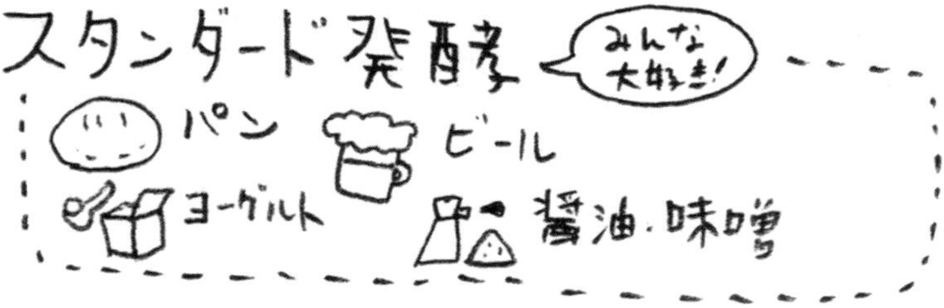

地方發酵食品
發酵茶 泡菜 熟壽司
威士忌 藍起司

喜歡的人會越來越喜歡！

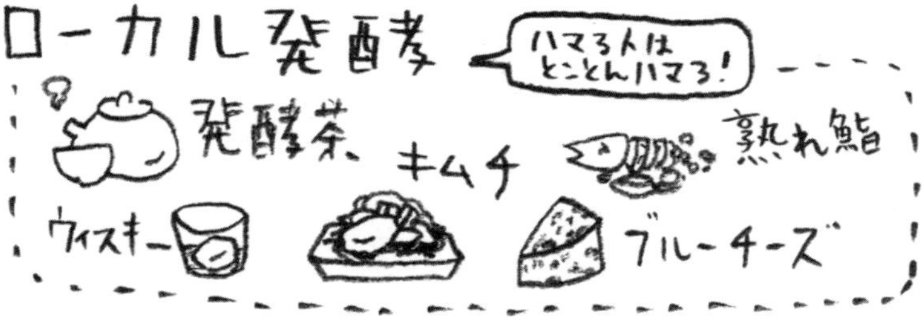

前者的典型是麵包、優酪乳、啤酒等這類「任何一個文化圈的人都會喜歡」的發酵食品。後者的典型如酸莖（すんき）或臭魚乾（くさや），喜歡的人才會瘋狂地愛上它。隨著近代化發展，屬於較為單純的西方發酵食品，早已滲透到亞洲的飲食文化圈。我去歐洲與美國，看見中華料理與和食料理的餐廳，感受到近年來西方文化圈，已逐漸接受東方複雜的鮮味發酵食品。

另一方面，法國與義大利的藍起司與洗浸式起司這類風味強烈的起司，無論是在該國或是日本，都只吸引到特定族群，並無法像日本的熟壽司或中國的臭豆腐等，成為大眾皆能接受的標準發酵食品。

歸根究柢，我認為沒有必要強迫大眾接受所有的發酵食品。只要那片土地的愛好者用自己的方式去享用，就是美味可口的發酵食品了。這種地方的多樣性，更呈現出豐富的發酵文化魅力。

這個時代，世界各地的人都能夠輕易地出國旅行，懂得發酵的人將變得更內行，他們會重新發現地方發酵文化的價值。

日本的「發酵黴菌文化圈」

日本的起源當然屬於東方發酵文化。我認為在培養「發酵黴菌」上，日本可說展現了高度純熟的技術。

不過，就發酵的廣泛多變這層意義來說，我認為東亞第一發酵大國還是中國。然而，就製麴的精煉技術與普及程度來看，日本擁有不同於其他國家的獨特風格。

當外國人士問我「日本的發酵文化有什麼特色？」時，我認為回答「好好地與發酵黴菌相處」就肯定不會錯了。

PART 3

制限から生まれる多様性

五花八門的發酵文化

～逆轉勝的釀造設計術～

請看發酵誕生出的創造力！
土地の数だけ
発酵食品アリ！
有多少土地，
就有多少發酵食品！

本章提要……………………………………………

第三章的主題是「發酵文化的多樣性」。
我在日本各地遇到了許多獨特的發酵食品，將在本章逐一介紹，帶大家一同了解代代相傳的鄉土飲食文化及其深奧之處。再以現代的科學之眼去解析，讓大家明白看似突發奇想的發酵食品設計，原來自有它的道理。

主題

□ 酸莖乳酸發酵
□ 兩段式發酵的碁石茶
□ 臭魚乾的複雜發酵系統

從發酵看見文化的多樣性

我之所以想到李維史陀拼湊組合的概念，是由於疑問：「為什麼世界上有那麼多神話＝文化類型的誕生？」

能夠解開此一謎團的關鍵，就在於神話發生地點的「區域性」。例如：故事是在熱帶地區或雪國地區誕生？地點靠近海邊還是山上？氣候潮溼還是乾燥？隨著風土條件差異，當地生存的植物與動物也會有所不同，地形與植被交織而成的景色，必然會出現多樣性。

在愛斯基摩人創造的「賽德娜（Sedna）[23]」神話中，遭父親打落海裡的女兒，在海底與愛犬一起變成海神。女兒的手指被父親切斷變成了海豹。在第一章提到的日本神話《古事記》裡，狂暴的須佐之男藉由黴菌釀成的酒，使八岐大蛇醉倒斬殺。他靠著從大蛇體內取出的寶劍，奠定了國家的基礎。我們只要比較這兩個神話，立即能夠明白——當我們閱讀神話，一定能察覺，故事反映當地的氣候與生態。好比出雲地區不可能出現海豹，加拿大冰河也不會有日本麴黴。

拼湊組合的概念，運用了真實存於野生自然界中的材料，以表現人類世界的秩序。但就相反的角度而言，人類世界的秩序，其實受到自然界事物的特性影響與限制規範。換句話說，「有多少風土特色，就能孕育出多少文化」。此道理與「家家戶戶都能釀出獨特的好味道」幾乎如出一轍。

我以發酵設計師的身分走遍各地，探訪的過程中發現，「只要吃過當地的發酵食品，就能了解那片土地上的一些事情。」接下來，我將介紹幾個非常有趣的例子。

一吃就會上癮的木曾無鹽乳酸發酵食品——酸莖的鮮味

長野縣木曾町有一種不可思議的「酸莖」醃漬物文化。若提到它不可思議的地方，就是世界上極為罕見的「完全不使用鹽的醃漬物」。我在前面章節曾經介紹過味噌的釀造，日本大多屬於高溫潮溼的氣候，容易滋生雜菌。鹽就成為防止腐敗的最佳利器。例如有人會在家中四個角落擺放鹽堆、相撲比賽前有撒鹽驅邪的儀式。從發酵的角度去看，這些觀念並沒有錯。但是，這個地方醃漬酸莖時，為何不使用好處多多的鹽呢？

23. 居住於北美大陸北極地區的愛斯基摩原住民族（特別是加拿大的因紐特人），其神話中出現的海之女神，也稱為海之女王，據說是人類的始祖，掌管大海中的所有生物。

想要解開其中的謎團，必須檢視當地的歷史與釀造技術。首先，從歷史的層面來說，酸莖的起源可回溯到三百年以前。大部分的鄉土料理都一樣，很難找到起源的正式紀錄資料；幾乎都仰賴各地用心的母親，不惜時間與精力，把偶然發現的料理作法，持續更新、改良並且傳承給下一代。

或許可以這麼說，創造酸莖的正是「木曾町的風土」。

從文化人類學的觀點去看，神話由來並非以人類為本，而是自然環境令人類驚嘆而創作神話。

木曾町座落於深山，過去曾經是連接江戶（東京地區）與京都的「山中重要地區」。這代表它過去是人們往來交易各種物品的據點。不僅具有豐富的飲食文化，至今仍保存著江戶時代美麗的傳統建築物與街景。也就是說，儘管木曾町位於深山，卻有著豐饒的土地，但唯獨缺乏一項資源——鹽。

日本的製鹽技術，幾乎都是把海水晒乾後的海鹽。中亞或歐洲從山上取得「岩鹽」的文化，在日本並不發達。岩鹽形成，是由地殼變動產生海水湖泊，當海水蒸發之後，鹽分逐漸結晶固化。然而，日本屬於潮溼島國，並沒有乾燥的環境條件，不存在鹽湖。因此，基本上必須仰賴人力使海水結晶成為海鹽。對於四面環山、看不到海的木曾町而言，鹽是極為貴重的物資。

面臨這種情況，木曾町的居民必須想出「如何不使用鹽也能保存食物」的辦法。因此，才創造出了其他地區絕對無法仿效的獨特發酵食品，酸莖。

接著，從技術的層面來看。酸莖就是「紅蕪菁葉子進行乳酸發酵的醃漬物」。它是如何製作的呢？每年十一月下旬到十二月，氣候屬於「尚未進入嚴寒的涼冷時期」，此時以攝氏六十度左右的熱水，將紅蕪菁葉稍微汆燙，放入釀造桶裡，維持攝氏二十至三十度的溫暖室溫，靜置數日到兩週即完成。

看似非常簡單的釀造方法，以科學的角度去看其實相當深奧。首先是季節。這個季節非常寒冷乾燥，食物不易腐敗。然而，這段期間過後就正式進入冬季，田圃會開始降霜，因此可說是相當絕妙的時機。

在紅蕪菁的葉子表面，附著許多不同種類的野生乳酸菌。把葉子切段之後，放入熱水迅速汆燙，消滅不必要的雜菌，以利乳酸菌進入葉子裡。此時，必須留意葉子汆燙的時間不宜過久，否則發酵的菌種也會一起被熱水燙死，「在六十度的水中迅速汆燙」是重要關鍵。接下來，溫暖的室溫可以讓這群發酵主角——乳酸菌更活潑地發揮作用。如果是室外溫度，乳酸菌會動彈不得而停止發酵。在恰到好處的室溫環境中，乳酸菌會不斷增加，分泌出的酸會讓pH值降到5.0以下形成酸性。這種酸性環境能夠取代鹽，具有良好的保存性質（與優酪乳、醋的原理相同）。

也就是說，酸莖的原理和豆漿（植物性）優酪乳非常相似。

透過從植物而來的乳酸菌發揮作用之後，使釀造環境變成酸性，阻擋雜菌入侵，食物就不會產生腐敗作用。

釀造完成的酸莖具有獨特的風味。紅蕪菁葉比醬汁浸菜（おひたし）的口感更脆，入口咀嚼後，會慢慢品嚐到酸味與鮮味，與米糠醃菜或醋漬物完全是不同的味道。有人說感覺像豆漿優酪乳，雖然味道相似，但酸莖的鮮味比較強。

木曾町的人會在酸莖上灑一些柴魚片，或當作味噌湯料，還會加入蕎麥麵的醬汁一起享用。第一次吃到酸莖，或許會覺得是一種「怪味」，但它卻會使人上癮，說不出個所以然。到了釀造季節，木曾町的居民就會產生一股強烈的衝動，受到「好想吃酸莖……！」的欲望驅使，家家戶戶都會拚命地醃製紅蕪菁的葉子。

有一位研究乳酸的權威——岡田早苗博士解開這令人上癮的鮮味祕密，原因就在於含有與蜆相同的鮮味成分，琥珀酸。此成分並不存在於植物性食物。要製造出這種琥珀酸，必須仰賴酸莖葉上的獨特乳酸菌群胚芽乳酸菌、發酵乳桿菌、保加利亞乳桿菌等，這些不

酸莖的發酵

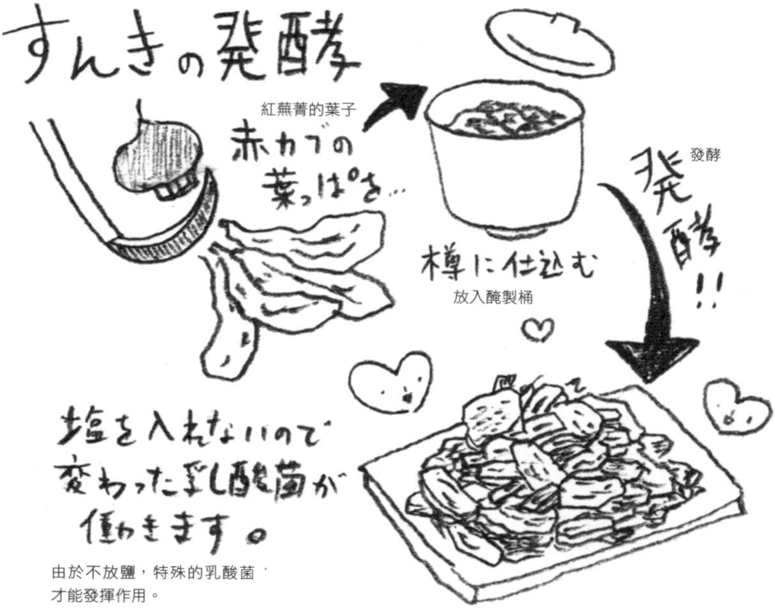
すんきの発酵
赤カブの
葉っぱを…
樽に仕込む
発酵!!
塩を入れないので
変わった乳酸菌が
働きます。

紅蕪菁的葉子

放入醃製桶

發酵

由於不放鹽，特殊的乳酸菌，
才能發揮作用。

存在於一般醃漬物的乳酸菌。然而，這些乳酸菌之所以能夠活躍，原因就在於環境中的「低鹽分」。

大量使用鹽的米糠床或三五八漬（麴漬）中，只有「非常耐鹽的乳酸菌」才能發揮作用。然而，醃製酸莖時本來就不使用鹽，因此潛藏在木曾這片土地上，特殊乳酸菌就能繁殖，在發酵過程中分解紅蕪菁葉，製造出像蜆一樣的鮮味。換句話說，「酸莖味噌湯」的味道近似「蜆肉味噌湯」，讓距離海邊遙遠的木曾地區居民，也能夠享受海鮮貝類的鮮味，實在令人羨慕。

這些酸莖特有的乳酸菌種，與傳統乳酸菌的發酵作用格外不同。發酵時，乳酸菌主要的作用是製造清爽且美味的「乳酸」。基本上，優酪乳或一般醃漬物的酸都屬於這一種類型。

然而，有一種乳酸菌，同時具有「製造乳酸以外的其他路線」特性。這種乳酸菌不像一般乳酸菌會大量製造乳酸，取而代之的是奇特的香味與鮮味，甚至還有像酵母一樣產生酒精或二氧化碳的乳酸菌。如果以人類來比喻，大概就像白天是個無精打采的上班族，晚上卻變成生龍活虎的夜店DJ一樣吧。

多虧了這些靈巧乳酸菌製造的獨特成分，才能讓酸莖有別於其他醃漬物，擁有全然不同的風味。能夠召這群乳酸菌的關鍵因素，就在於「不放鹽」這一點。

接著介紹我在當地親眼所見的酸莖文化背景。

酸莖或自製味噌，同樣都是極為講究的DIY文化。這些醃製酸莖的人，是一群住在木曾的普通母親。很多人平日是一般上班族，或從事農務工作，或是全職主婦。這群母親到了醃製酸莖的季節，突然會變得目光如炬，完全切換到「釀造酸莖模式」。

此時，打頭陣的是具有「酸莖名人」頭銜的精銳部隊。木曾町的社區裡會頻繁地舉行品嚐大賽，由大家選出數名「傑出者」，像「酸莖的傳奇」一樣，成為具有影響力的名人。她們醃製的「首批酸莖」會分給參與釀製的母親，作為各個家庭釀造的種子（大家一起開始釀造）。

這種酸莖釀造圈的組織結構，就如同知名部落客或IG網紅帶領潮流。酸莖名人在地區的社群之中，集眾人的尊敬於一身，可說是地方上的英雄。

順帶一提，前面提到岡田早苗博士進行的實驗研究中，分析酸莖的「最佳鮮味成分比例」，與「名人釀造酸莖味道」幾乎一致，足見木曾這群母親的味覺品味實在非同小可。

高知縣嶺北地方特產——酸中帶著清爽味的碁石茶

二十多歲的上班族時期，我經常去中國旅行。當時，我任職的保養品公司，有很多商品以漢方技術為主，因此我對中國的飲食文化與中醫醫學產生了濃厚興趣。

其中，我最著迷的就是中國獨特的發酵茶文化。中國除了有烏龍茶、茉莉花茶以外，還有許多數不清種類的茶葉。其中一類大放異彩的茶葉，靠的正是微生物力量發酵、熟成的發酵茶。最出名的地方，就是在中國西南部雲南省當地的特產，普洱茶；還有西藏周邊高地，人們把茶葉製作得

取自動畫歌曲〈木曾之歌（きそうた）〉醃漬酸莖時的情景（插畫：Mayumi Chiura）

像磚頭一樣硬，再進行發酵的酥油茶；以及湖南省遊牧族人的營養來源，茯茶。我品嚐了經由多年、甚至幾十年發酵的老茶，深深感到中國的茶葉文化實在是深不可測。

大家是否知道這種發酵茶文化，實際上也存在於日本。而且，日本發酵茶葉的起源，極有可能是從中國傳來的。

九世紀初，遠赴中國（唐朝）留學的天台宗始祖——最澄，把茶與茶樹種子帶回日本當作伴手禮，成為日本茶葉的起源。最澄帶回茶樹種子成長的茶樹後代，至今仍保留在高野山中，與東近江市附近的一處小茶園裡。滋賀縣有一種名為政所茶的茶葉，正是由最澄帶回日本、由其後裔悄悄流通的茶葉。

最澄帶回日本的茶葉，應該是一種名為磚茶的茶。這種茶在烘焙過後，會緊緊壓縮成磚型，方便運送的包裝方式。然而，茶磚存放時，微生物仍會持續發酵作用。這一種烘焙過後緊壓成型，再長期存放使其熟成的方法，發展到後來，就形成了普洱茶這類稱作「黑茶」的發酵茶文化。

其他國家的賓客前往中國，經常會把磚茶當成回國的禮物。不過仔細思考，古時候的國外旅行談何容易，若是途中遭逢變故，最後回到自己的國家，可能是多年之後。在此情況下，茶葉的保存性，可說相當重要。

但是，這種磚茶文化卻無法在日本落地深根。其中的道理與日本人對酒的喜好相同，大多喜歡新鮮清爽的事物，就像使用剛摘好的茶葉揉捻製成的新鮮綠茶，絕對是日本人優先選擇的茶飲。

儘管如此，最澄帶回日本的發酵茶，仍不可思議地由他的後裔延續到現代。在高知縣的北部，位於四國幾乎正中央的地方，有一處名為嶺北的山間地區。這裡出現了一種不可思議的發酵茶──「碁石茶」。

日本全國上下，只有這一個地區生產碁石茶，而且地點座落在深山中，感覺像是一間倉庫的加工廠。為了抵達這裡，我不得不選擇比西藏高原還要驚險的山路，開著輕型小車，勉強通過一條條無止盡的狹窄蜿蜒山路。這個地方極為偏僻，如果不擅長開車，途中一個不小心，恐怕就會衝出路面翻落山谷吧。

製成碁石茶的茶樹，種植在加工廠旁的陡峭斜坡。看到這片如此傾斜的茶園，令人目瞪口呆，要是下肢瘦弱無力、沒有經驗的人來此採茶，非常容易失足跌倒。

製茶的季節是在六至七月。是的，相信敏銳的人應該都察覺到了。

「這兩個月正是黴菌活躍的季節吧？」

正是如此。碁石茶透過第一章介紹的發酵黴菌進行發酵作用，因此我才會把碁石茶稱為「最澄帶回日本之茶葉的後代」，同時也印證了它是從中國大陸傳入日本的藥茶祖先。

接下來，我們簡單地看一下它的歷史吧。

碁石茶的歷史可回溯到四百年之前，我並不清楚它的起源（又來了）。總之我能說的，就是碁石茶的製造方法，與日本中世以後普及的綠茶大相逕庭。這是由於與碁石茶極為相似的茶葉，就只有我前面介紹的中國邊境發酵茶。

碁石茶與一般的發酵食品不同，當地的居民幾乎不飲用，原因在於它是瀨戶內海各個島嶼、對岸廣島居民會消費購買的特產。由於製茶時期受到限制，所以當地茶農將這段期間視為「收入豐厚的季節」，大家會卯足全力製造碁石茶。然而，進入昭和年代（西元一九二六年）之後產量遽減，只剩最後一間店鋪在苦撐，由一位小笠原先生勉勉強強地持續生產。進入二〇〇〇年之後，日本國內掀起了一陣健康食品的風潮，近年來逐漸地增加產量。話雖如此，製造碁石茶的業者，依然只有小笠原先生經營的這間加工廠，而且所有製茶程序皆以DIY的人工作業方式進行。

只要品嚐一小口碁石茶，就會對其獨特的酸味產生強烈的感覺：「為……什麼會是酸的？」實在令人無法聯想它是茶葉。事實上，碁石茶最特別的地方，就是經由「兩段式發酵」。這種發酵過程非常複雜，即使在中國也相當罕見。

我從技術的觀點，大致說明一下碁石茶的製作過程。每年六至七月開始採收茶葉、進行烘焙工作。至此，與一般綠茶的製法無異。接下來，在倉庫地板鋪上沿用至今的草席，並將蒸好的茶葉攤平在草席上面，靜置數日讓黴菌附著（請想像成蒸米時召喚麴菌的感覺）。等待黴菌繁殖，再把茶葉與蒸茶的湯汁，倒進過去代代沿用的釀造桶裡，接著堆積重石壓成一座山，讓茶葉發酵數週。發酵結束，受到擠壓的茶葉會成為塊狀。將它裁切成邊長三公分的方形，並移至倉庫旁的空地曝晒陽光。如果遇到雨下不停，就會嚴重影響茶葉品質。從頭到尾所有過程，都仰賴天候與自然環境，可說是遠離塵囂的一種原始製茶方式呢。

碁石茶必須經過兩段式發酵才算大功告成。第一次發酵是在草席上附著黴菌，第二次則在釀造桶中進行發酵。前者在有氧氣的地方讓發酵黴菌繁殖，後者則在沒有氧氣的空間讓乳酸菌繁殖。轉換兩種不同的環境，使相異的發酵菌交棒進行接力賽。

接著再稍微深入看一些細節。

從黴菌到乳酸菌的發酵順序非常重要。我們試著以微觀角度去看構成茶葉的細胞，受到了一層堅硬的細胞壁保護。植物無法自行移動，因此會築起一道牆，並且囤積毒素，以防被其他生物吃掉。兒童之所以討厭吃青菜或青椒，正是因為消化系統尚未發育成熟，無

碁石茶の発酵
MOCO
MOCO
茶葉にカビをつける
蒸した
わーい
わーい
重しをする
樽で乳酸菌発酵
CHOKI
CHOKI
発酵した茶葉のカタマリをカットする
カビの旨味と乳酸菌の酸味がつまったフシギなお茶

碁石茶的發酵

Yeah Yeah

以重石壓頂

桶內的乳酸菌發酵中

毛茸茸的黴菌附著在蒸熟的茶葉上

不可思議的茶
充滿了黴菌製造的鮮味
加上乳酸菌的酸味

用剪刀把發酵完成的茶
裁剪成小塊狀

法消化這些堅硬的細胞壁與毒素。順帶一提，木材雖然是樹木的屍體，但可以用來作為房屋建材，正是因為含有堅硬細胞壁的緣故。

不過，這裡出現了一種宛如漫畫《進擊的巨人》般的微生物——黴菌。

黴菌附著在植物上，將菌絲深入植物中並且釋放酵素，破壞植物的細胞壁，吸收養分成長。前面提到「在草席上讓黴菌附著」的過程，就是發酵黴菌正在破壞茶葉的細胞壁。此外，經由確認的發酵黴菌同類[24]還包括：生長在柴魚上面的麴菌屬、用於抗生素中的青黴菌屬（*Penicillium*）、中國大陸的麴，以及用在乳酪上的毛黴菌屬。

黴菌的分解能力相當驚人，甚至還有一種名為木材腐朽菌的真菌，能使木造建築的梁柱腐敗，這種黴菌與香菇屬同一種類。木材的主要成分為木質素，一種非常堅固的纖維質，除了腐朽菌以外，沒有任何菌種能夠分解木材，這也是歷經好幾百年的木造建築能屹立不搖的主因。

接著介紹「釀造桶裡的發酵」過程。它意味著乳酸菌附著在細胞壁遭到破壞的茶葉中。事實上，乳酸菌無法靠自己的力量進入植物細胞。但是，茶葉在第一次發酵時，細胞壁已被黴菌破壞，乳酸菌因此能吸收細胞中的糖分，製造出像優酪乳一樣的乳酸，這正是碁石茶帶酸味的原因。

但……請等一下。喝下一口碁石茶，除了酸味，還帶著一點不太像茶的鮮味。這又是什麼味道呢？我左思右想，調查了碁石茶中的發酵乳酸菌。結果，得知其中含有胚芽乳酸菌，它與酸莖中的乳酸菌一樣，能夠製造出相同的鮮味。

碁石茶由發酵黴菌產生的熟成風味，與乳酸菌製造的酸味融合在一起，形成有如調味料般的美妙風味。實際上，在瀨戶內各地仍流傳著一種「碁石茶粥」的作法，這豈不是與「酸莖味噌湯」有著異曲同工之妙嗎？

接下來，我想表達自己的一點看法。黴菌附著的草席以及乳酸菌附著的釀造桶，都是具有年分的骨董。我認為，這是為了讓「棲息在釀造桶與草席上的野生菌」生生不息，所以才一直從過去沿用到現在。自古以來，房屋的木材與土牆上有許多縫隙，使得微生物容易生存。因此，深山中這間唯一的加工廠雖然老舊不堪，但「花上好幾百年形成的微生物

24. 參考折居千賀〈由菌所打造茶葉的科學〉（菌が作るお茶の科学，生物工學會誌2010年9月25日刊載）。

生態系統」這一點實在值得我們尊敬。

順帶一提，文獻中記載著緬甸與雲南省，有一種名為酸茶的傳統發酵食品，與碁石茶非常相似。回想起來，我以前曾經吃過這項食品呢。

我之所以寫成「吃過」，是因為它可以當作料理食用。酸茶的作法是將茶葉放進竹筒，埋進土裡進行發酵，完成之後就會呈現海苔狀，就像「料理」般的食物。除了能泡茶飲用，還非常適合做成餐桌上的佳餚。它的鮮味確實像碁石茶。

為何緬甸與高知的山區會存在著相同的發酵食品？至今依然是個謎。另外，尼泊爾有一種發酵綠葉蔬菜叫做Gundruk，與木曾町的酸莖極為相似，同樣也是一種不使用鹽的乳酸發酵醃漬食品。東南亞與日本之間，或許靠著發酵這一條看不見的線連接在一起呢。

中國雲南省到西藏之間，有一條運送茶葉的「茶馬古道」，與中國茶文化的形成、發展有著密不可分的關係。從西元七世紀開始持續到現在，可說是「茶葉版的絲綢之路」。當初人們建造這條古道的目的，是為了把位處溫暖地帶的雲南地區生產的茶葉，送往西藏換取高地飼養的駿馬。這條路線最遠甚至還延伸到印度及俄羅斯，據聞也曾經向東通往朝鮮半島與日本。因此，碁石茶可說是，帶領著這一群發酵大叔們通往浪漫歷史情懷的發酵食品呢。

位於高知縣嶺北深山中的茶園。

另外一提，從事有機農業的人，或許會對碁石茶的發酵過程產生認同感。因為碁石茶的發酵過程與製作堆肥的過程非常相似。藉由黴菌的力量破壞植物的細胞壁，細菌再進行更細微的分解工作；這種機制是發酵茶與堆肥之間的共通點。

我在中國茶藝老師舉辦的課程時，曾經學到「我們應心存感激，細細品嚐珍貴的發酵茶（黑茶），因為這是茶葉在回歸土地之前所展現的生命光輝」此一寓意深遠的話。

在回歸大地之前的最後一個

瞬間，碁石茶將生命力濃縮成一杯茶，分送給我們人類，並且教導我們認識「大地的寬廣胸懷」，可說是一種富含詩意且極具哲學的發酵茶。

新島上的強烈發酵——臭魚乾的抗生作用

托朋友之福，這十幾年來，我有時會去伊豆諸島之一的新島（屬於東京都地區）。每當夏天接近尾聲，島上就會舉辦烤肉活動，實在精彩無比。而且，每次一定會端出一道料理，那就是令人驚嘆的發酵食品「臭魚乾」。它的製作方式是把圓鰺、竹筴魚、飛魚等青花魚浸泡在名為「臭魚乾液」的發酵液中，最後在陽光下晒乾完成製作。這是內行人才知道的極臭發酵珍味。就像研究酸莖一樣，只要仔細研究臭魚乾的歷史與醃漬技術，就能解開微生物如何產生作用的謎團。

臭魚乾是在江戶時代中期（一七〇〇至一七五〇年左右）於新島誕生的魚乾發酵食品。其起源背後的原因，與「鹽」有著密切的關係。

木曾町是一座位於深山中的村落，本來就無法生產鹽巴，儘管新島能從海裡取得粗鹽，卻被當成稅嚴格徵收，成為當地的一大困擾。

過去的冷凍技術不如現代發達，無法隨時吃到新鮮生魚。而且，漁村有所謂的「漁獲

臭魚乾的發酵

將鮮魚浸泡在臭魚乾液的池子

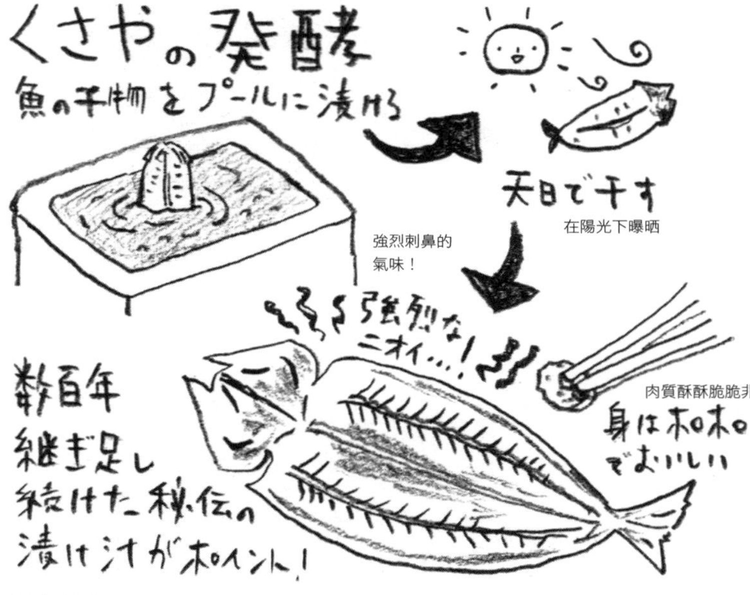
くさやの発酵
魚の干物をプールに漬ける
天日で干す
強烈なニオイ…!
身はホロホロでおいしい
数百年継ぎ足し続けた秘伝の漬け汁がポイント!

在陽光下曝晒

強烈刺鼻的
氣味！

肉質酥酥脆脆非常好吃

數百年來代代相傳的祕方
關鍵就在醃漬的湯汁裡！

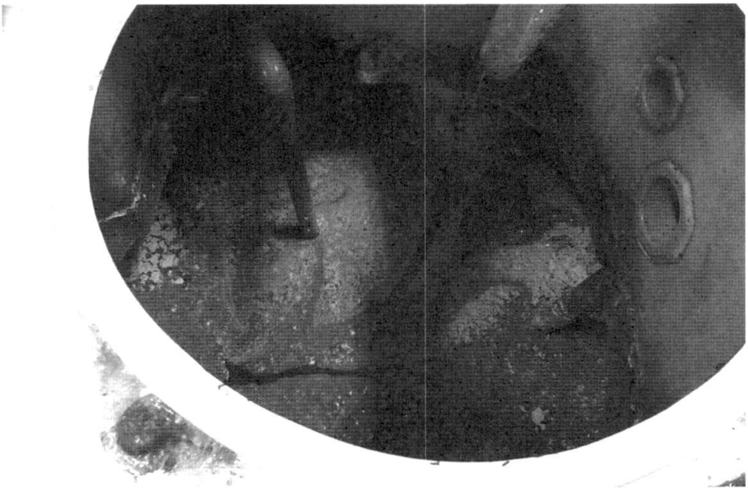

超過200年以上持續添加鹽水的臭魚乾釀造液。

季節」，雖然在捕獲期間有吃不完的魚，但捉不到的時期就完全捉不到。在這樣的情況下，如何保存漁獲季節剩餘的魚，就成為一項重要的課題。製成臭魚乾的魚是圓鰺與金帶花鯖，捕獲期在夏天。但是，這個季節魚的腐敗速度非常快。因此，最標準的應對方法，就是以鹽醃製，再以陽光晒成魚乾。提高鹽分，同時脫水，如此就能有效抑制雜菌繁殖。然而，江戶幕府徵收了新島的鹽，在無鹽可用的情況下，有人想出了一個辦法。

「大家不要倒掉醃漬用的鹽水，我們重複循環利用如何？」

正是這一種不浪費的惜物精神。一般用來醃漬魚的鹽水，味道刺鼻叫人無法忍受，通常醃完過後就會立刻倒掉。然而，新島的居民卻拿來重複循環利用，所以食物的氣味與風味才會變得如此強烈。

請大家試著想像：班級上出現一位「怪人」，比如鐵道迷、昆蟲宅男，這些人經常被誤認為「不會察言觀色的自戀狂」。有一天，這個人突然受邀上電視，獲得讚賞成為「鐵道界的天才少年」，或者參加「世界昆蟲博士大賽」榮獲冠軍。如此一來，大家立刻對他刮目相看。

「這傢伙……也許是不得了的人耶……！」

對他產生了正面的看法。臭魚乾也是相同的道理。起初，新島居民也認為「雖然很臭，但也不是吞不下去的食物」。到了最後，卻連江戶地區的老饕都讚不絕口。

「喜愛珍饈的人有福啦！我發現了新島臭魚乾，只要吃過一次就會念念不忘！」

在大家了解臭魚乾的魅力之後，它就一躍成為新島的名產（大概如此）。只要在Google網頁輸入「臭的/食物」關鍵字查詢，最先會出現的搜尋結果就是臭魚乾吧。這等於做好了萬無一失的SEO（搜尋引擎最佳化）對策。

從設計的觀點去看，這代表了「發現新價值」。一九六〇年代，德國與美國進入了

「現代設計」的全盛時期，橫尾忠則[25]與宇野亞喜良[26]在作品中融入日本元素的超現實觀點，衝擊了設計界與藝術界，因此創造出相對於「現代藝術」的「前衛藝術」。

總而言之，身為發酵設計師的我想要強烈主張，江戶時代的臭魚乾就像是現代的超辣咖哩一樣，味道越辣越讓人躍躍欲試。

臭魚乾正是日本發酵界的急先鋒——「前衛發酵」。接著，我到了現場，訪問新島水產加工業的同業公會。

目前，臭魚乾的文化已傳至伊豆諸島一帶（大島、八丈島），它的起源是在新島。如此肯定是因為在同業公會的加工廠裡，地下存有伊豆諸島最早的「臭魚乾液」。液體表面呈現深褐色並且產生一層泡泡，超過兩百年以上，人們不間斷地重複使用並且添加鹽水。我把臉湊近臭魚乾液的池裡，撲鼻而來的主要味道，就像蹲式馬桶散發出的臭味。其中混合著阿摩尼亞的刺激味道，以及女子喝酒回家還沒洗澡就倒頭大睡、脫粧臉上散發的奇妙甜味，宛如香料混合臭氣令人暈厥。我非常明白為何會產生廁所與刺鼻的臭味，但卻不太清楚最後的甜味從何而來。經過調查，才知道這是一種叫做丁酸的物質，它能製造出銀杏與剛脫下鞋子所散發出的臭氣，以及混合著丙醛這種物質製造出的香甜氣味。

根據同業公會的人表示，在明治到昭和年代初期（一八六八至一九二六年），新島的家家戶戶都備有臭魚乾液，就像用米糠床製作醃漬物。醃漬過的魚還會晒在家門口。根據統計，大正元年（一九一二年）到達巔峰期，製造臭魚乾的業者一共有一百五十五間，即便到了昭和五十年（一九七五年）也還有二十八間。請大家試著想像一下當時的情景，夏天到秋天這段期間，新島到處都飄散著「臭魚乾的味道」，簡直是異香襲人啊！

然而，二〇一七年的此刻，臭魚乾的製造轉為一貫化生產，幾乎只在同業公會的加工廠裡進行釀造，儘管這麼做是為了確保品質與流通量，但我們仍然明白，臭魚乾本來就是在限制與創意之下才誕生的DIY文化。

25. 日本平面設計藝術家、畫家。作品中大量融入日本的本土元素，以強烈風格使人印象深刻而聞名。喜歡瀑布與Y字路。

26. 日本平面設計藝術家、畫家。主要特色是描繪獨特的少女人像。作品風格充滿前衛與時尚。

臭魚乾在江戶時代成為地方特產，相當受到大家喜好。因此，新島居民也把臭魚乾液以「分送種子」的概念送到其他島上，臭魚乾的文化就發展到伊豆諸島全區。順帶一提，鹿兒島與新島一樣，經常能捕獲青花魚，過去新島也曾將原始的臭魚乾液分送給鹿兒島，但現在是否仍傳承著這項文化則不得而知。

以科學儀器分析，各個島上的臭魚乾液中，微生物的多寡與成分都不盡相同。在比較鹽分數值之後，發現八丈島的臭魚乾最接近「鹽漬」。

接下來介紹大家如何享用臭魚乾。

通常，大家會聚集在熱鬧街頭的居酒屋吧檯前，一邊吃臭魚乾，一邊喝日本蒸餾酒。但是，新島的居民喜歡燒烤，多半會在戶外進行。

選擇戶外舉行是因為臭魚乾「只要燒烤就會更臭」，並產生前面提到的奇妙甘甜味，帶著一種燒焦的感覺。味道就像爆炸一樣迅速擴散，臭魚乾的方圓數公尺內，會形成一個臭魚乾製造出來，不同物理性質的特殊空間，嫌惡臭味的人將無法進入這個空間。

然而，吃下一口臭魚乾後，並不會覺得那麼臭，這一點實在不可思議。口感比起一般烤魚乾稍軟一點，還帶著些許起司般的濃濃鮮味，配上一杯冰涼的新島蒸餾酒，彷彿入口即化。

總之，美味可口的食物。我們終於明白江戶時代的內行人愛上臭魚乾的理由。燒烤臭魚乾時，一般人不敢靠近飄散出來的氣味，所以這個空間會形成一種獨特的氛圍。如果收到了充滿新鮮香氣的上等臭魚乾，切記一定要在戶外場所，好好享受這種燒烤的樂趣（您一定會喜歡這道珍味而無法自拔呢）。

接下來，我們繼續從科學的觀點來研究。

我從同業公會取得了一些原始的臭魚乾液，回家後透過顯微鏡觀察，看到了各種形狀不同的細菌正在移動。觀察過後，似乎沒有看到麴菌或酵母這類，在標準發酵食品中常見的發酵菌。然而調查文獻之後，才知道臭魚乾會吸引不屬於發酵食品中，不可思議微生物叢（細菌的生態系統），並由這些微生物產生發酵作用，這真是令人驚訝的事實啊！

臭魚乾為何不會腐敗？真是不可思議的食物。

如同COLUMN 2的介紹，日本防止食品腐敗的主要加工方式為：

・以大量的鹽（砂糖）醃漬
・控制pH值接近鹼性
・浸泡在酒精裡

但是，臭魚乾的保存方式不屬於這三項中的任何一項。其鹽分濃度在百分之三左右，pH值為中性。由於沒有酵母發揮作用，當然也就不會產生酒精。

臭魚乾液的鹽分濃度還算正常、pH值為中性、屬於液體，醃漬環境可說是「海水」。若以宏觀的角度去看，生命的起源來自大海，地球上生物的歷史，有一半的時間都以大海為舞臺。陸地上的生物起源也是大海。換句話說，海水是生命的搖籃，海水也是讓各種微生物活躍的環境。因此，醃漬環境若是充滿了雜菌，很容易產生腐敗作用。若將味噌與醬油比喻成防守嚴密的拳擊手，臭魚乾則是無防備的作戰法。一般來說，魚的表面若附著海中的雜菌，一定很快地被打得遍體鱗傷而不支倒地（腐敗）。

然而，臭魚乾卻不會腐敗。不僅如此，它還具有強力反擊雜菌的力量。臭魚乾有一項著名的效用，就是「抗生作用（抑制病原菌的入侵與繁殖）」。實際上在新島當地，傳說有一種偏方。只要在傷口部位塗上臭魚乾液，就能預防傷口化膿，不過就我個人經驗而言，不曾看過新島上的人用臭魚乾液塗抹傷口。

這種產生抗生作用的微生物，實際上是棒狀桿菌屬（*Corynebacterium*）的一種，能夠抑制引發食物中毒的大腸菌、葡萄球菌、腸炎弧菌的繁殖。也就是說，它發揮了「天然抗生素」的作用。但就從事生理醫學的人研究發現，此棒狀桿菌屬的代表是白喉桿菌，它們是同一屬的病原菌。

然而，臭魚乾液中的棒狀桿菌屬（C．臭魚乾[27]）並不會造成人類感染疾病，反而會帶來助益。甚至在伊豆諸島中，有一種菌只存在於新島的臭魚乾裡——青黴菌屬的黴菌。這種黴菌也是運用在抗生素上的一種微生物，因此推測它能發揮作用，提高臭魚乾的保存性與抗菌性。另外，論及為何只有新島的臭魚乾有這種黴菌，是因為過去的臭魚乾加工廠，生產了各式各樣的柴魚系列加工品；當柴魚片發酵時，防止腐敗的黴菌非常活躍，這正是主要的原因吧。

接著，我們觀察臭魚乾液中的其他細菌，發現聚集了一群不可思議的細菌，能夠承受

27. 參考由清水潮、坂田恭子、相磯和嘉著作的〈臭魚乾的研究Ⅲ：精煉棒狀桿菌屬於臭魚乾液中產生的抗菌物質以及其性狀〉（くさやの研究 Ⅲ：Corynebacterium kusayaの生産する抗菌物質の精製およびその性状，日本水產學會誌1969年6月號）。但其為50年前的論文，也許並不是特定的細菌。

棒狀桿菌屬的抗生作用，形成與一般發酵食品截然不同的生態系統。這就像森田真法知名棒球漫畫《菜鳥總動員 *ROOKIES*》中，一群不良少年組成一支棒球隊，所有的成員團結一心，最後成為棒球強校一樣：臭魚乾液中也集合了各種奇怪的細菌，在組成團隊之後，產生了極具特色的發酵作用。

事實上，我們對臭魚乾的發酵作用，仍有許多未知之處。雖然明白它為何不會腐敗的原因，但為什麼這麼臭？為什麼會這麼好吃？又為什麼會聚集這麼多奇怪的菌種？尚未解開的謎團依然非常多。

我到目前為止的解說，穿插的臭魚乾科學佐證，基本上都參考了藤井健夫博士的著作《醃漬海鮮．臭魚乾．柴魚乾》內容。然而，在二〇〇二年的實驗中，我們直接分析臭魚乾液中的微生物DNA，以傳統的「從環境中分離細菌」實驗中，發現不曾看過的細菌。也就是說，在臭魚乾裡依然潛藏著許多未知的細菌。

我想在此提一件事。

在我們耳熟能詳的發酵食品裡，科學中尚未釐清的事情不勝枚舉。為什麼研究了幾十年，至今仍舊無法解開這些謎團呢？原因有兩點：

・有些細菌可以分離，有些卻無法分離。

・由多種細菌合作進行的發酵作用非常難去分析。

一般而言，為了分析引起發酵現象的細菌，必須從食物中分離到實驗環境裡。研究人員必須把細菌分離到圓形平底的培養皿容器中，進而仔細研究細菌的作用。然而，有相當多微生物一旦分離到外面的環境就會無法存活。

無法分離細菌的另一項原因，是由於有些細菌「無法單獨存活下去」。也就是說，或許需要複數細菌一起合作，才能夠進行某一種發酵作用。對於這種「團隊合作」，目前的技術依然無法分析。

以足球比賽來比喻好了。梅西與香川真司都是一流的足球選手，藉數據分析，我們對他們的能力會有一定了解。但是，梅西所屬的巴塞隆納隊（FC Barcelona）為何這麼強？成為阿根廷足球隊代表時卻又稍嫌不足？要找出特定的原因相當困難。

就個人選手而言，梅西與香川真司的表現都相當出色。不過，能夠發揮團隊所有成員的實力，才能夠展現出真正的價值。

除了臭魚乾，餐桌上常出現的發酵食物還包括米糠醃菜與泡菜，有許多微生物都與這些料理息息相關，然而目前的科學分析，在技術上尚有不及之處。今後，發酵學的挑戰，必須從「單體細菌分析」轉移到「細菌群體合作分析」上。

正因為限制，才能夠激發創造力

以上一共介紹了三種極具特色的地方發酵食品。它們的共通點，就是努力克服先天環境限制，想出解決之道。酸莖的先天限制是「深山中無法取得鹽巴」；碁石茶是「處於太過偏僻的山區，無貿易品賺取外國貨幣」；臭魚乾則是「稅金負擔太重，漁獲季節太短」。這些地區的人都是在各種限制下，構思發酵的技術與方法。

這一切與設計師為了創造作品，不斷嘗試錯誤是一樣的道理。委託人想解決的問題非常多，在時間與預算有限的情況下，設計師還必須顧及業界的規定與法律條文。一般而言，設計的企畫幾乎都是在「一無所有」的情況下展開。

但是，正因為有種種限制，才能成為創造的泉源。由於受到各種限制，設計師就會「善用所有身邊能夠使用的資源」，東拼西湊的念頭也會大爆發。他們不會抱怨缺少什麼，而是蒐集所有可用資源，加以分類、整理，仔細觀察過程，激發出意想不到的靈感創意。

臭魚乾

Hi Call

巴塞隆納隊

團隊合作的美學！

這些都是顛覆過往帶著先入之見的設計。

「不放鹽的醃漬物。」

「可以當作調味料的茶。」

「把臭味當成賣點的魚乾。」

每一項都能找出不同的新觀點與價值。

而且，每個地區的人皆充分運用當地特有的食材、當地特有的微生物特性，呈現出其他地區無法模仿的地方特色，實在是極為出色的設計啊。

近幾年來，我接到越來越多來自各個地方政府或企業的委託，大家都表示「希望透過發酵的力量來振興地方」。這些想法的背後，受到了「每片土地的風土，培育出獨特的文化」神話般運作系統的驅動。如果想打造地方品牌，絕對不可欠缺「其他地方無法仿效的特色」。然而，重點並非尋求外部的流行趨勢，而是深入挖掘並找出人們遺忘的歷史根源，以及氣候風土條件與其他地區有哪些細微差異，仔細地研究微生物的多樣性，如此才能從中找到正確解答。

只不過，僅憑普通人類的「肉眼解析」是辦不到的，必須透過顯微鏡觀察微生物，放大好幾百倍的解析度，仔細觀察自己身邊的微生物。

在李維史陀的世界觀裡，創造力的「誕生」，並不是透過個人的才能，而是仔細地觀察自然，「發現」人類世界與自然世界的連結關係，最後才產生了神話與文化系統。李維史陀發現的是，世界各個民族所孕育，「分辨出細微關係的優異眼光」以及「運用創造設計，搭起自然界與人類世界橋梁的巧手」。

發酵的創造發明，就是在肉眼看不到的微觀自然界與人類世界中找出關聯，透過設計連接兩者。

相反地，若研究發酵背後的來龍去脈，就會明白居住在那片土地上的發酵者如何面對世界。

COLUMN 4

發酵菌與酵素哪裡不同呢？

在發酵食品的相關知識中，經常無法區分「發酵菌」與「酵素」，這兩者其實有所差異。發酵菌是活的，所以有益健康？還是酵素比較重要？看似清楚其實不甚了解，接下來我將介紹其中的差異。

發酵菌＝約翰藍儂，酵素＝〈Imagine〉

請試著將發酵菌與酵素想像成約翰藍儂與〈Imagine〉。

雖然約翰藍儂辭世已久，但他的經典名曲〈Imagine〉至今仍在世界各地傳唱著。

接著以味噌為例。味噌發酵過程，最先發酵的是麴菌，不久隨著養分與空氣的消失而死亡。然而，麴菌製造出的「酵素」依然存在，因此產生鮮味與甜味。

發酵的「酵」等於酵素的「酵」。

製造出讓我們人類喜愛的風味、保存特性與健康機能的角色，嚴格來說並不是發酵菌，而是發酵菌製造出來的「酵素」。

如果約翰藍儂不唱歌，就只是一個「迷

戀小野洋子的大叔」而已。然而他創作的〈Imagine〉受到世人喜愛，跨越了世代不斷地被傳唱，為世界和平帶來了極大貢獻。

Love & Peace!

酵素到底是什麼？

接下來，介紹發酵最主要的「酵素」。

簡單來說就是「促進化學反應的特殊蛋白質」。一般而言，蛋白質是一種有機化合物，組成生物身體組織的材料。然而酵素本身並不是一種材料，而是作為「製造材料的觸媒」發揮功能。

若把〈Imagine〉拆解來看，明明只是「一堆音符」，卻能感動全世界，使唱片熱銷賺大錢。酵素也是一樣，具有「誘發行

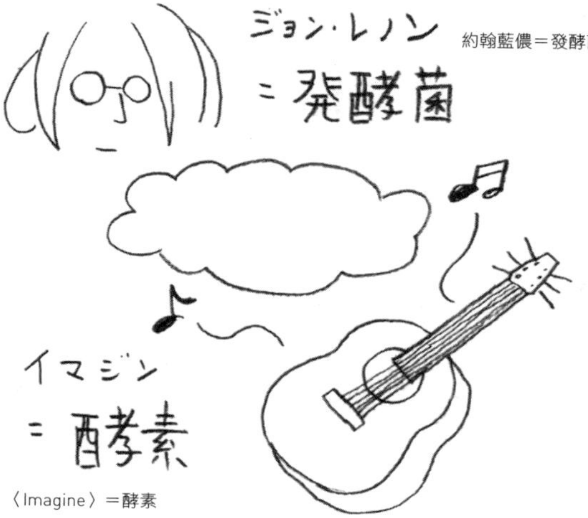

約翰藍儂＝發酵菌

〈Imagine〉＝酵素

動」的能力。

前面提過麴菌主要會製造兩種酵素。其中一種是「蛋白酶」，能將米與黃豆的蛋白質分解成鮮味；另外一種是「澱粉酶」，能將米與黃豆的澱粉分解成甜味。這兩種酵素正是製造味噌與甜酒獨特風味的主要推手。

酵素發揮作用，必須有幾項條件。首先，一定要有觸發行動的對象。以味噌來說，就是大豆中的蛋白質與澱粉。

接著是溫度。製造鮮味的蛋白酶在三十度上下，澱粉酶則在四十度左右開始活性化。酵素的開關，會隨著其他各種不同的環境條件打開或關閉。

酵素並不是發酵菌的特有產物。酵素對我們人類以及所有生物都極為重要。嬰兒之所以能夠持續成長，正是多虧酵素促進細胞複製；人體能夠消化食物也拜酵素所賜。相反地，若是體內酵素不足，就會危害健康，造成慢性病或免疫方面的問題；因為酵素掌管著生命的代謝活動。

「乳酸菌活著抵達腸道」有必要？

我們經常聽到優酪乳廣告打出「乳酸菌活著抵達腸道」的宣傳口號。這到底是怎麼一回事呢？

食物裡充滿許多微生物，其中包括了發酵菌與雜菌。我們的胃會分泌胃酸殺光這些微生物。可見胃的重要功能在於「阻隔其他生物進入體內」。然而，優酪乳裡的某幾種乳酸菌，能耐得住胃裡的強酸。這些乳酸菌不會死亡，能夠活著抵達負責消化吸收的腸道。於是，它們會在腸道中發揮作用，活化免疫系統，同時也會讓其他腸道細菌的微生物更活潑，協助人類的腸道消化吸收更順暢。這正是「乳酸菌活著抵達腸道實在GOOD！」的宣傳依據。

乳酸菌其實並不一定要存活。胃酸殺死的細菌屍體（稱為菌體），與乳酸菌製造酵素所產生的物質，能夠活化人類的消化機能、免疫細統，以及腸道的細菌。比方說，最近市面上常見的啤酒酵母保健食品，其實就是酵母的菌體，以及酵母菌產生的物質，它能幫助我們的身體更健康，其中的道理就在此。

儘管約翰藍儂逝去，〈Imagine〉也不會死去。

PART 4

ヒトと菌の贈与経済

發酵者與菌的交換禮物

～循環不息的交流之環～

本章是書中
最難的單元！

永無止息 交換儀式

本章提要

第四章的主題是「生態系統的贈予之環」。本章把文化人類學「交換儀式」主題，與微生物「能量代謝」主題放在一起研究，藉以觀察在生態系中，物質與能量如何循環不息。

主題

- □ 什麼是庫拉交換？
- □ 生物的能量代謝
- □ 生態系中的禮物經濟

文化人類學中的交換與贈予

在文化人類學中，「交換」與「贈予」的概念是一項經典主題。

文化人類學的先驅學者馬林諾斯基（Malinowski）[28]，在紐幾內亞島東部的特羅布里恩群島，研究各個部族一種名為「庫拉（Kula）」的交換文化。所謂庫拉，是由多個島嶼構成的環狀網路，各部族以順時針方向傳遞紅色貝殼項鍊、逆時針方向傳遞白色貝殼臂環；這兩項物品按各自方向持續繞著環狀網路傳遞，是一種不可思議的交換儀式。比方說，A部落族人會將自己擁有的項鍊或臂環傳遞給鄰島B部落族人，收到交換物的B部

落族人，必須要回贈禮物給A部落族人。接下來，B部落族人再將項鍊或臂環傳遞給鄰島的C部落族人——這種交換物品與回贈禮物的儀式將反覆不停地循環。

庫拉儀式具有三個重點：

第一點：項鍊與臂環這兩種交換物，並不具實質價值，最多在回贈禮物的宴會中，拿來當作飾品，平常並不會使用。

第二點：對於這項無價飾品的「回禮」，收到的一方必須從各項物品，或者能提供的服務中思考：「以此當作回禮是否恰當？」

第三點：一旦參加庫拉交換儀式就不能退出。

28. 英國文化人類學者。其最大的貢獻，就是建立文化人類學中的田野調查方法。

這項文化以現代人的角度來看似乎無意義，但馬林諾斯基卻在其中找出不同於現代人類社會的合理性。這項庫拉交換儀式：

並不是偶然發生的，必須遵循一定的規矩，在事前決定好的日期、場所才能舉行。在本島與鄰島的幾千人中，每兩人為一組，透過交換與贈予的儀式，加深彼此之間的交流，以期建立更深厚的關係。[29]

也就是說，庫拉交換是一種讓不同的人，周而復始維持順暢的交流文化制度。實際上庫拉交換在進行時會產生什麼情形呢？首先，「收到無實質價值飾品，必須想出恰當回禮」是一件非常困難的事（畢竟也沒有標價）。如果對方認為：「你竟然送我這麼寒酸的東西！」不僅會尷尬，甚至還會引起紛爭。因此，回禮的價值必須有物超所值的感覺（如果會造成尷尬，就應該想出讓對方覺得大方的做法）。庫拉的目的不在「公平」，而是展現「氣度」。好比鄰島部落的人會期望回禮的人要「慷慨大方」，避免造成無謂的紛爭，而且必須持續交流（因為一旦參加庫拉儀式就不能退出）。

在庫拉的交換儀式中，「算計」不具任何意義。因為自己送出的項鍊或臂環，經過逐島交換傳遞、循環一周過後回到身邊，等待對方回禮給自己，也是多年之後的事了。

這與以魚換肉這種「以物易物」的層次完全不同，庫拉的交換文化到底具有什麼意義？對此，文化人類學以完全不同的觀點來回答。

就算我們去追究人類為什麼與其他人交流，試圖解釋交換行為也不具意義。人類維持交流，才能證明自己的存在價值與意義，並且了解如何面對群體以及與其他人往來。

「以我為中心」做前提的西洋近代哲學在此並不存在。庫拉的交換文化，推翻了「我」藉由自由意志與另一個人交流、抱持著「為了不讓交流之環中斷，因此需要我」的觀念。在庫拉交換中，並不是人類把交流當成工具「使用」；而是在交流之中，人類成為「被使用」的工具。特羅布里恩群島的「文化圈」才是主體，為了使其產生「交流循環」，人類必須往右與往左圍繞移動。在交流的過程中，隨著人類的「體貼」與「慷慨大方」圍繞轉動，文化圈會產生和平與秩序。相反地，如果隨著人類的「憎恨」與「奸詐狡

29. 引用馬林諾斯基的著作《西太平洋的航海者》日文版第127頁。

猾」圍繞轉動，文化圈就會出現紛爭與混亂。世界上的交流循環，正是隨著不同的能量，呈現出不同的樣貌。

非常出色的文化人類學家格雷戈里・貝特森（Gregory Bateson）[30]對此做了澈底的闡述。他研究動物與昆蟲的生態學，甚至精通現代的資訊科學，在研究系統工程獲得成果，貝特森假設各種生物藉著相互作用及影響，產生巨大的交流之環＝生態系統。接著，在巨大的循環中出現了「我」的存在。

我一路上學習的智慧，與生物界、整個世界的生成，交織成一個巨大的知識網，然而我只不過是其中極細微的交織點而已。[31]

人類與海豚一起游泳時，儘管語言不通，卻能以不同的方式互相交流。農家預測「明天的風應該會很強」，在田裡作物上覆蓋一層保護，這也是人與植物的一種交流方式。

自己與自己以外的人或物互相接觸、交流，產生了作用、回饋，因此出現了所謂的「我」，然而「我」並不是一開始就切確存在的，而是透過和某個人或物的交流，才會出現「我」。

比方說有一對交流互動的男女。惠子小姐送給健志一句話：「健志，我覺得你比想像中還要善良呢。」健志開始思考：「我要一直做個善良的人。」就像這種情況，決定成為

「善良的自己」，正是因為收到了他人贈予的禮物。這項原理，遍滿於地球生態系。

正因為認知到「此時此刻，我活在這裡」，在地球的環境中，到處充滿了各式各樣的交流。就像在「交換儀式的場所」中舉辦宴會，彼此聽見「夠熱鬧熱了嗎？」的呼喚與回應一樣。因為有呼喚，才會出現回應。藉由外面世界不絕於耳的呼喚，才會浮現出自己的樣貌。

在馬林諾斯基與貝特森看見的世界，這種交流＝交換，並非只在人類之間進行而已。就像惠子小姐贈予健志先生禮物；天空贈予鳥兒禮物；海洋贈予魚兒禮物；植物贈予動物禮物。這種「交換贈予」不斷持續，「生命世界之環」持續轉動、循環不息。這過程正是文化人類學重新發現：「人與自然渾然一體，交織成生物的贈予網路」的樣貌。

30. 英國人類學者。以橫跨心理學、生物學、控制論等思想體系去擴大解釋人類學。

31. 引用貝特森的著作《心智與自然：統合生命與非生命世界的心智生態學》日文版第19頁。

發酵者與菌的協調關係

我到底在說什麼呢？當然還是發酵。

所謂「生物的世界之環」，指的是我最喜愛的一部漫畫作品《農大菌物語》。在第十三冊最後的故事中，微生物告訴主角澤木同學與樹教授「和諧的共榮圈必須靠每一分子組成」。澤木同學具有「能夠看見肉眼看不到的細菌」這項特殊能力。最後一幕非常令人感動，發酵菌們在發酵博士樹教授的面前現身，出現了一位猶如哲學家的代爾夫特食酸菌（*Delftia acidovorans*），對著身為人類的他們說：

「你的工作與我們的工作，看起好像各自進行，其實都是一樣的。」

「雖然有各自的生活圈，但這個世界一切都相連在一起。」

「和諧的共榮圈必須靠每一分子組成。」

這是李維史陀所見的神話世界原理、馬林諾斯基在特羅布里恩群島見到的交換儀式，同時也是貝特森看見的精神與生態系連結的網路。

這群看似住在不同世界的生物，超越了層次，彼此交換禮物／贈予。藉此形成一個完整的生態系。

「你怎麼突然說起這麼龐大的主題？請好好按照順序介紹吧！」

引用《農大菌物語》第13冊（P.205-206）

沒問題。那麼，我們先從發酵的觀點去看「贈予」的過程。即使以生物學的原理來分析，依然能明白「和諧共榮圈必須靠每一分子組成」中的深奧道理。

微生物在生態系中扮演的角色

為什麼《農大菌物語》的細菌會提到「生活在同一個和諧的共融圈裡」呢？

細菌在地球的生態系中，扮演「管理者」的角色。試想，每一天有數不清的生物誕生在地球上，如果放任不管，這些生物的屍體應該會遍布地上與海裡才對。然而事實上並非如此。

因為微生物會吞噬屍體將其分解，還原為構成生命的有機物質——土壤、水分與空氣。微生物會處理離開這個世界的生命，並為下一個即將到來的生命做好準備，如同扮演「人資經理」的角色。

微生物的數量多到驚人。隨便用手指挖一小撮田裡的土，每一公克就住著三至五億隻微生物。即使在都市的大樓街道，每一平方公尺也會有數千隻微生物飄散。我們的肚子裡，竟然也有幾十兆隻微生物！「兆」這個單位會讓人以為是國家預算呢。

微生物會不斷地繁殖，也會不斷地死亡。酵母在釀造酒的糖水中，一天會增加好幾千萬倍，最多甚至好幾億倍。然而在繁殖達到臨界點後，就會陸續死去。明明就繁殖了如此驚人的數量，卻在兩到三週後幾乎全部消失。

微生物無所不在，包括土壤、水裡、空氣中，無論是鄉下或都市，甚至布滿在家用冷氣機的出風口。不管我們再如何努力消除細菌，它還是會不斷繁殖增生。一般生物無法生存的滾燙火山口、深達幾千公尺的地底，以及海拔高達幾千公尺的上空，這些頑強的傢伙都能安然生存。

微生物什麼都吃，從動物的糞便、屍體，樹上掉落的水果或樹葉等。廚房的用水設備與浴缸摸起來滑滑的，都因為微生物吸收水分中所含的養分。它們不僅分解有機物質，連鐵鏽都有一種名為鐵菌的奇特細菌負責吞噬。

微生物能逐一分解構成生物身體的有機物質，還原入水分、土壤與空氣。接下來，水分及土壤又誕生出新的生物。「細微的物質聚集形成生命」、「聚集的物質被分解後回歸大自然」如此獨特的力量促使地球生命循環不息，掌握其中關鍵的就屬「微生物」。

地球上有多少動物或植物生存，全都仰賴如同「人資經理」的微生物決定。它在地球上的各個角落掌管著這份管理工作。站在相反的角度來說，沒有微生物的環境，其他生物根本無法存活。

頁一六三的圖表是由一九八〇年代的一位微生物學家卡爾．烏斯（Carl Woese）[32]提出的「生物系統發生樹」，我把它稱為「從微生物角度觀看的生物系統樹」。卡爾．烏斯藉由基因的構造[33]，定義出已確認的二十三種主要類別，並且繪製成圖表。在這二十三種類別之中，能夠以肉眼看見的只有「*Animalia*」與「*Plantae*」，其餘二十一種全部都是「微生物」。

卡爾．烏斯定義的這張圖，成為了現代生物學的標準。也就是說，地球是「微生物的行星」

微生物是生態系的管理者

已成為公認事實。

再次確認發酵到底是什麼？

正如前面提到的，我們的生活環境中，存在著無數個微生物。以此作為前提，我們再次確認發酵的定義：**對人類有益的微生物發揮作用的過程**，就能深刻了解這項定義。

生活環境中充滿無數的菌，我們從中挑選親近人類的「好朋友」，藉由菌的分解作用，製造出有助於人類的物質。因此，我們應備妥讓它們愉快工作的場所。這正是發酵的技術，累積這些技術形成的生活型態，就是發酵文化。

32. 美國微生物學家。因多次提出畫時代的生物分類方法而聞名。在DNA（去核糖核酸）之前，他藉由RNA（核糖核酸）發現並定義了古菌域。

33. 正確來說，應稱為RNA的構造。關於RNA的介紹，請參考第七章。

那麼，在介紹大綱之後，來看具體實例吧。

接下來，我將介紹發酵食品中常見的優酪乳，並說明其發酵基本過程，或許有人會認為：「怎麼會介紹一堆化學方程式呢？太難了吧！」但其實它的原理並沒有那麼難懂，請大家放心。

頁一六四這項化學式呈現出附著在牛乳中的微生物——乳酸菌如何轉變成優酪乳的基本過程。我先從化學式的最左方開始解說。「葡萄糖」是牛乳中的糖分，也就是我們在打點滴時非常熟悉的名稱。乳酸菌最喜歡這種糖分。浮在空中輕飄飄的乳酸菌在接觸牛乳之後，便會開始大快朵頤，就像「五點過後下班的上班族大叔，看到新橋高架橋下高掛的紅燈籠，忍不住被吸引過去」一樣的情況。當乳酸菌吃完葡萄酒後，會製造出前面介紹醃漬酸莖時清爽美味的「乳酸」，以及分解成乳酸菌的能量來源「腺苷三磷酸（ATP）」這種特殊蛋白質。若再說得簡單明瞭一點，就是「乳酸菌吃掉糖分，分解成乳酸與能量」。有關ATP的介紹，後面章節將再詳述。

乳酸菌吸收糖分變得更活潑。然而，它製造出的「乳酸」到底又是什麼呢？答案就是乳酸菌的排泄物便便。

我們人類同樣如此，為了更有活力而飲食，也會去廁所排出便便。乳酸菌也是一樣

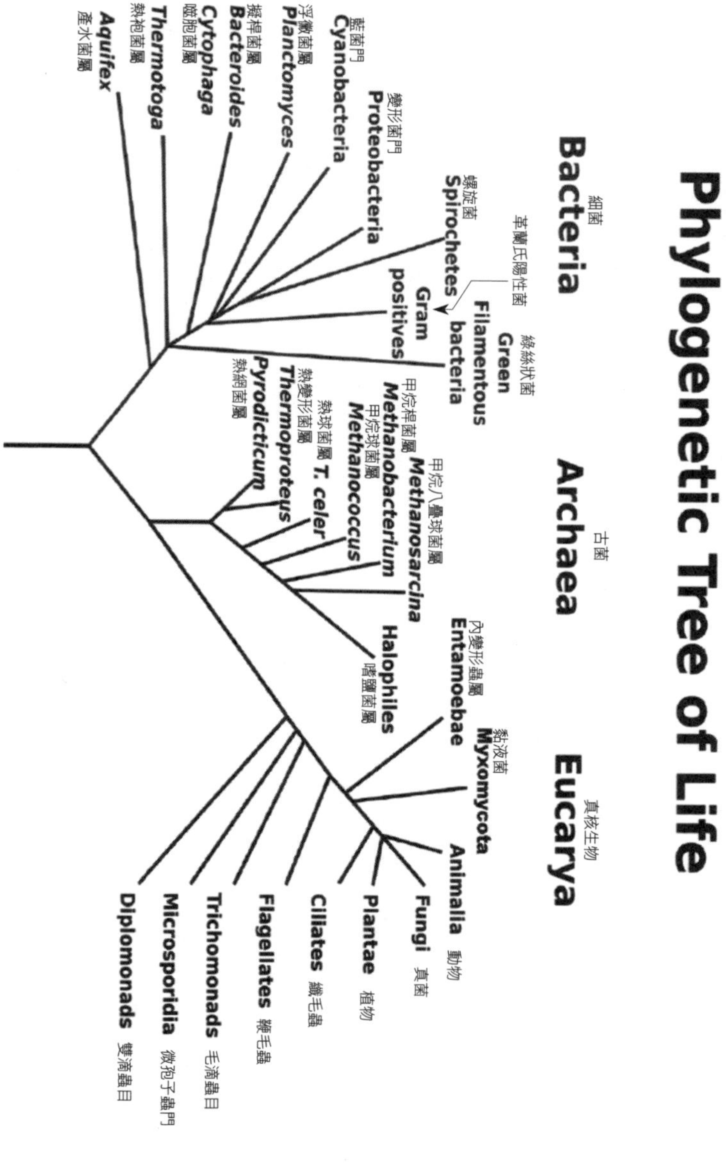
Phylogenetic Tree of Life
生物系統發生樹
Bacteria
細菌
Archaea
古菌
Eucarya
真核生物
Aquifex
產水菌屬
Thermotoga
熱袍菌屬
Cytophaga
噬胞菌屬
Bacteroides
擬桿菌屬
Planctomyces
浮黴菌屬
Cyanobacteria
藍菌門
Proteobacteria
變形菌門
Spirochetes
螺旋菌
Gram positives
革蘭氏陽性菌
Green Filamentous bacteria
綠絲狀菌
Pyrodicticum
熱網菌屬
Thermoproteus
熱變形菌屬
T. celer
熱球菌屬
Methanococcus
甲烷球菌屬
Methanobacterium
甲烷桿菌屬
Methanosarcina
甲烷八疊球菌屬
Halophiles
嗜鹽菌屬
Entamoebae
內變形蟲屬
Myxomycota
黏液菌
Animalia
動物
Fungi
真菌
Plantae
植物
Ciliates
纖毛蟲
Flagellates
鞭毛蟲
Trichomonads
毛滴蟲目
Microsporidia
微孢子蟲門
Diplomonads
雙滴蟲目

乳酸発酵のプロセス

乳酸發酵過程

$$C_6H_{12}O_6 \rightarrow 2C_3H_6O_3 + 2ATP$$

グルコース　　乳酸　　エネルギー！

葡萄糖　　乳酸　　能量

＞ヨーグルト

優酪乳

的，吃下了糖分之後排出「乳酸」。另外，如果乳酸菌吃下過量糖分，就會被自己排出堆積如山的乳酸淹沒而死亡[34]，彷彿獨自死在被垃圾山包圍的家裡。

乳酸雖然是「乳酸菌的便便」，對人類來說，卻是「美味可口的食物」呢。

「除了酸酸的非常好喝，牛乳也不容易腐敗（酸性具有防腐作用），我們當然很樂意收下這種便便。」

換句話說，我們也可以如此形容優酪乳，它是人類回收細菌製造出來的垃圾資源。對微生物來說雖然是「垃圾」，但對人類而言卻是珍貴的「寶物」。

那麼，請注意接下來的內容，發酵的奧妙之處就在這裡。

人類與微生物雖然是不同的生物，卻在地球上物質循環的龐大市場中進行「交易」。人類為乳酸菌備妥牛乳池，於是乳酸菌在池中製造乳酸。最後，人類獲得「優酪乳」這項發酵食品的結果。

發酵，就是微生物贈予人類的禮物。

然而重點是，微生物並沒有把乳酸當成贈禮（因為是便便啊）。微生物為保住自己的性命而拚命努力，乳酸只是剛好對人類有幫助而已。因此，微生物不會向人類索討回禮，它們將營養吸收消化完畢之後，就會靜靜地等待滅亡。之後，它們殘留的屍體與酵素，也會幫助其他生物發揮作用。

34. 我形容的方式或許有些粗糙，但乳酸菌確實會因為產生乳酸的pH值過酸而死亡。就這層意義而言，乳酸對於乳酸菌來說是一種毒。

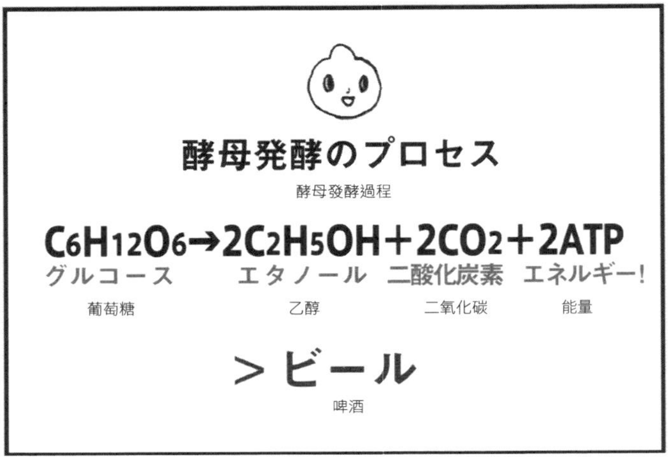

咦？還是不太明白我嗎？

那麼，我再多舉一個酵母發酵的例子好了。

上圖化學式是表示酵母使麵包或酒發酵的過程。

首先，請大家看化學式，最左邊是葡萄糖，最右邊是ATP。沒錯，它的起始與終點，與乳酸菌的發酵化學式一模一樣。也就是說，酵母和乳酸菌一樣在「吸收糖分獲得能量」。

酵母與乳酸菌不同的地方在於排泄垃圾的種類[35]。酵母在吸收糖分轉為能量的過程中，會釋放出酒精，乙醇以及二氧化碳。

若要了解這項化學式的過程，請

想像啤酒會更容易明白。

當我們喝下啤酒表面膨脹的氣泡之後，會有一種特別暢快的感覺。這些氣泡正是二氧化碳。啤酒之所以膨脹起泡，並不是製造商特別添加了二氧化碳，而是酵母自行製造。喝下啤酒之後會酒醉而感到心情愉快，是由於酒精發揮了作用。這是由酵母製造出的「乙醇」，屬於一種人體容易吸收的酒精，它與理化實驗課堂所用，酒精燈中的甲醇完全不同（第二次世界大戰過後，有一種摻雜甲醇的蒸餾酒流入了日本黑市，喝下之後會有失明或死亡的危險）。

很多人在泡完澡之後，都會享受啤酒入喉的暢快滋味。換句話說，就是「暢飲酵母的屁（二氧化碳）與小便（乙醇）的喜悅」。

不過一般而言，發酵的定義是：

對人類有益微生物發揮作用的過程。

大家明白其中的意義了嗎？這就是發酵。

35. 酵母也會因為自行製造出的大量酒精而死亡。

發酵＝不需氧氣與光線就能獲取能量的方法

微生物發揮了有助於人類的作用，這就是容易理解的「廣義發酵」。然而，我們在學習生物學的專業知識時，一定會接觸到一般人不知道的「狹義發酵」，它的定義頗令人好奇：

發酵過程不需氧氣與光線，就能夠獲取能量。

話雖如此，許多人的頭上一定會冒出「？」的符號吧。目前為止，您看了這麼多狂熱內容也沒有退縮，相信繼續看下去，一定也能夠理解我所說的吧。所以，拜託大家請不要闔上書本。

首先，我從生物的基礎內容開始介紹吧。許多生物生存在地球上，都必須「靠呼吸氧氣生存」或「透過陽光進行光合作用」取得能量，其中包括人類在內的所有動物，都可以歸類在同一個群體裡。動物吃下其他生物攝取有機物質，需要靠氧氣使其反應並轉換成能量。然而，植物則是透過光合作用獲取能量（嚴格來說，植物也會呼吸）。

一般而言，我們所知的生態循環系統是：

植物進行光合作用成長↓動物吃下植物而成長↓動物呼吸吐出二氧化碳，死亡後屍體成為植物的營養來源

這樣的過程循環不息。

但是！實際上有一種不同的生態循環系統，主角是微生物。製造優酪乳的乳酸菌，以及製造麵包或酒的酵母菌等，這類微生物都在沒有氧氣與光線的狀態下產生能量，如此獲取能量的方式，在生物學中就叫做「發酵」。繼呼吸與光合作用之後，第三種方式就是發酵。能夠靠發酵生存下去的只有微生物而已。因此，只要提到發酵，就一定離不開關係密切的微生物。

發酵效率差，才會有所助益

透過發酵獲取能量，與透過呼吸或光合作用獲取能量有哪裡不同呢？

用一句話來說，就是發酵的效率很差。這是因為發酵不仰賴氧氣與光線來當「催化劑」，只靠微生物體內釋放酵素分解養分的緣故。因此，就算吸收相同的營養，比起動物或植物，酵母只能獲取些微的能量而已。

在此以剛才介紹的「葡萄糖」來當例子。這種糖無論源自哪裡，幾乎是所有生物最愛且不可缺少的營養成分。不管動物、植物或微生物，都會透過某種方式，將葡萄糖轉換成能量。

以動物的情況來說，藉由呼吸作用使葡萄糖與氧反應，一次又一次地將葡萄糖分解殆盡，最後只剩下水蒸氣與二氧化碳。這就像吃飯過後流汗與放屁，是再清楚不過的現象，明知道有人會提這一點，但我還是要強調，這是「吃下食物後，在體內經過氧化後取得能量，並且排出二氧化碳與水分」的原理。

植物則以陽光的能量為起始點，它會吸收我們打嗝製造出的二氧化碳，在體內產生葡萄糖，接下來與動物相同，藉由氧氣分解糖分而取得能量，排出二氧化碳與水分。同時，植物還會釋放大量的氧氣。下雨之後，森林的樹木會產生水蒸氣，這正是「沐浴陽光下，努力

非効率的だから役に立つ!

沒什麼效率卻很有幫助！

製造能量」的證明[36]。植物可以說是同時運用光合與呼吸兩種作用的厲害生物呢。

動物細胞靠氧氣得到能量，是既革新又有效率的方法。就像美國人一直都開著油耗極高的吉普車，直到親眼目睹豐田Prius省油車的出現而感到震驚。

這種「以少量養分取得最大能量」的方法，使得能呼吸的生物不斷擴大活動範圍、獲取更多營養，因此數量越來越龐大，遍布整個地球且繁榮興盛。

接著來看微生物。附著在牛奶或穀物上的微生物，會運用自己的消化酵素去分解葡萄糖，這段過程中能得到些許的能量，而剩餘的就是把乳酸與酒精當作「垃圾」丟棄。

動物與植物都會毫無保留地分解葡萄糖，竭盡全力只為獲取能量。最後，剩下來的是直接回歸大氣的二氧化碳、氧氣，以及水這些「用盡而淡然無味之物」。

然而，微生物無法運用氧氣與陽光這種「促進分解的工具」，只要稍微分解一點葡萄糖就會「瀕臨極限」而放棄作罷，之後遺留下來的是分解不完整的物質——乳酸與酒精。

36. 植物的葉子會進行蒸散作用，排出水分。下雨氣溫降低之後，植物會將水分轉為水蒸氣。

若再多一些努力去分解這些物質，就可以取得能量，但發酵作用至此已是最大極限了。

這項微生物遺留下來，卻分解得不完整的物質，也就是乳酸與酒精，並不會回歸大氣或土壤中，而是成為其他生物的營養。

讓我們再一次回到優酪乳的話題吧。

優酪乳的發酵，同樣也是乳酸菌分解牛乳到半途而廢了，留下分解不完整的物質，乳酸，使得優酪乳變成美味好喝的發酵食品。儘管乳酸菌覺得「夠了」，放手丟棄乳酸，但它卻具有阻擋雜菌入侵牛乳的作用，而且還有受小朋友們喜愛的酸味。

透過乳酸菌或酵母產生的發酵作用，對它們而言效率極差，無法稱之為合理；但若是以幫助周邊其他生物，而進行發酵作用的觀點來看，它們則顯得相當「慷慨大方」。

是的，這與本章開頭敘述在紐幾內亞島，部族之間進行庫拉交換儀式的道理相同，「不吝惜贈予的精神」，發酵菌正是這樣的角色。

跨越種族循環不息的能量

那麼讓我們再一次回顧文化人類學的內容吧。

庫拉的交換儀式中，各部族將永遠繞著島嶼構成的環狀網路，傳遞著項鍊與臂環這兩項寶物（Vaygu'a）。這兩項飾品並沒有實用的價值，功用僅止於「持續不停地交換以及移動」。也就是說，與其把Vaygu'a當作物品，倒不如說是各部族之間，為了持續交流而存在的能量。

在庫拉的交換儀式中，藉著這股能量不停地移動，跨越各部族之間的藩籬，彼此文化之間的「交流」就能夠持續不停止。同時，透過「必須慷慨大方的回禮」展現出友好熱情的關係，就能避免不同文化之間產生紛爭。

庫拉能夠維持文化的多樣性與永續發展。

接著，我們再回到發酵界吧。

在發酵作用中，等同Vaygu'a的是微生物得到的能量，ATP。ATP是由氮氣為主構成的腺苷，以及磷與氧氣結合的三個「磷酸」所構成的。因此，腺苷與三個磷酸，就是「腺苷三磷酸」了。

腺苷三磷酸在生物界中，稱為「細胞內能量傳遞的共通貨幣」。雖然是由氮氣、氧氣與磷這些化學元素所組成的化合物，在本質上卻是「維持生命活動的能量」。其祕密在於腺苷化學式中最左邊連在一起的磷酸，當它斷裂時，就會產生能量。而ATP優越的地方，就是能在適當的時機，安排磷酸斷裂產生能量。

大家對於肉眼看不到的世界，大概很難了解是如何運作的吧。

因此，我用金錢來比喻好了。例如，紙鈔雖然是由植物纖維所製成，但本質上並不是物品，而是能夠交換商品或服務的能量。金錢的優越之處，在於「可以任意選擇想交換的時機」這一點（也就是說可先把價值儲存起來）。當作能量的同時，也能當作保存能量的媒介。而且，如果這張紙鈔是美元或歐元，就能在世界各地使用它。

ATP在原理上也非常相似。生物得到ATP之後，會在進行激烈運動或繁殖時統一使用。因此，不管乳酸菌、杉木或人類，所有生存在地球上生物的共通點，就是必須以ATP為能量存活下去。所以ATP才會有細胞內能量傳遞的共通貨幣之稱。

在生物的細胞內，當ATP左邊的磷酸發出「叭嗒」一聲斷裂後，就會釋放出能量。釋放能量後的ATP，會在消耗能量的地方暫時移動至細胞膜附近，呈現「等待」狀態。接著，ATP會吸引細胞外飄浮的磷酸，再至別的場所釋放能量。藉由ATP「儲存能量」機制，就能在不同細胞與生物之間，源源不絕地接收與傳遞能量。

「也就是說，能量會在各種生物與細胞之間，持續循環圍繞嗎？」

正是如此。能量消耗殆盡的生物將會死亡，但是能量本身並不會死。能量會再以ATP的形態傳遞給其他生物，成為該生物存活的精力來源。

這種「能量交換」從微生物到人類、太陽到青草，再從青草到牛或馬，跨越了物種，在「生命之環」中循環不息。同時，這些持續接收與傳遞的葡萄糖、乳酸、酒精與胺基酸會轉變形態，最後變成二氧化碳或水蒸氣，再次回歸土壤與水。接下來，土壤與水又將會誕生出新的生物。

假如我死亡了，體外與肚子裡的無數細菌將立刻展開行動，「哦！小拓死掉了。這樣下去會造成困擾，我們開始來大掃除吧。」細菌會開始吃我的軀體獲取ATP，分解成有機物質後，軀體將會腐爛融解而回歸大地。

試著把「就算去追究人類為何不斷與其他人交流，試圖解釋交換行為也不具任何意義。持續交流才能證明人類的存在價值與意義，理解如何面對群體以及與其他人往來」這項論理套用在生物界中，在文化人類學的「文化相異部族之間的交換原理」，就能夠類比發酵界中「不同生物之間的交換原理」。

就算我們追究生物為什麼運用能量生存下去也不具任何意義。因為持續交換能量的是生物，而同時與其他生物持續進行交流、交換的行為，正是所謂的「生存」。

微生物「贈予」我們人類生存活力來源的那一瞬間，就是所謂的發酵啊。

交流的副產物是產生社會秩序

本章的主題是「交換（交流）」，在此我想稍微整理一下概念。文化人類學者在美洲大陸與亞洲的各個島嶼發現的交換原理，其實與我們一般認知的意義不盡相同。

通常提到交換，我們會以為是「你和我之間的物品交換」。比方說，從事農業的你送我蔬菜，捕魚的我就送你海鮮當作回禮。這種「以物易物」的發展越來越複雜，最後就會進化成商店中付錢購買商品的「貨幣交易」。

這種交換原理的重點有兩項：「一對一」與「公平」。交換物品的兩個人

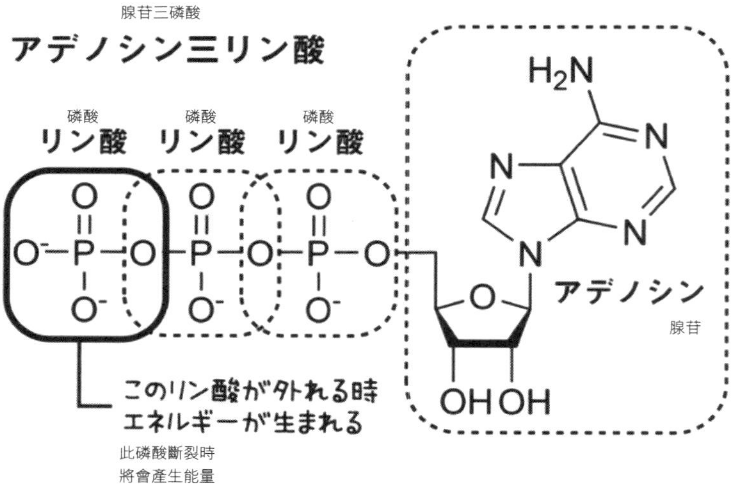

會面對面，並盡量以同等價值的物品進行交換。近代以後，人類社會開始以公平為前提，透過「等價交易」的方式，逐漸形成了經濟體系與市場。在交易時彼此認為「公平」，在雙方之間產生信賴；為了要保證這種信賴，因此決定了金錢的價值；人們可用金錢換取物品與服務，不管走到哪裡，都能以相同的價格購買相同的商品。透過這種市場原理，物價哄抬與任意殺價自然就會遭到淘汰。

然而，庫拉交換儀式的運作，卻是另一種不同的原理。

首先，交換儀式必須由「參加者全體」進行。當一方收到交換物，應遵守「回禮必須比收到的物品更豪華」的強制規定。庫拉交換與等值交易比較之下，兩者的基本前提相去甚遠：等值交易是「一對一」且在「公平」的前提下進行的；而庫拉交換的前提必須由「各個島嶼的部族」參加，對於交換物品的回禮一定要「慷慨大方」。因此，在庫拉的交換儀式中，物品的價值無法統一，它受到了「不等值交換」的原理驅動。

文化人類學家的權威——馬塞爾·莫斯（Marcel Mauss）[37]將此原理命名為「總體呈

37. 法國文化人類學者。研究世界各地文化中的交換文化原理。其理論為後來的經濟學帶來靈感啟發。

獻」（譯註：書中沒有法文原文，查詢後可能為Système des prestations totales）。也就是在群體之中，禮物會周而復始地不斷傳遞，大家似乎非常享受互相贈送各種物品的過程，這也正是「聖誕節禮物交換活動」的原理。

那麼，這種交換儀式有什麼優點呢？

由於以莫斯叔叔的概念解說有些困難，所以我用自己的語言，將內容精簡如下：「如果群體的每個人都進行不等值的交換，就會出現許多副產物。這種副產物對社會秩序有所幫助。」莫斯叔叔替不等值交換中的「副產物」做了以下的定義：

「這些群體交換的不僅限於物資和財富、動產和不動產，或是經濟上有用

透過ATP，能量就能移動

的東西。甚至是合於禮節的各種做法、宴會、儀式、軍事、婦女、兒童、舞蹈、節日和集市。」[38]

也就是「五花八門的項目」。

「這些各式各樣的項目比起交換物品（無意義的飾品）這件事還更重要呢。」莫斯叔叔如此說道（不知道他說話是否帶著地方腔調）。我之所以提出「持續交換這項行為，是身為人類如何面對社會、與他人往來的重要因素」，根據就在這裡。透過交換行為的「副產物」不停循環，人類因而形成了社會。好比我們會接受隔壁鄰居的好意，也會贈予其他鄰居特別的小禮物。

在這過程中，人類會學習禮儀、維持左鄰右舍的良好關係、與人愉快相處、規劃舉辦宴會、鑑定物品的價值、遵守秩序的方法。不禁想要高喊Love & Peace!

38. 《禮物：古式社會中交換的形式與理由》日文版第17頁。

由微生物形成的總體呈獻

此「總體呈獻」形成副產物的流通，與透過發酵產生副產物的流通極為相似。藉由發酵菌獲取的能量，產生乳酸與酒精這些各式各樣的副產物。這些副產物是其他生物為了取得能量所形成的禮物，接著又在不同生物獲得新能量的過程中，造製出其他的禮物，再傳遞給下一個生物。

關於菌↓人類的贈予，我已經介紹完畢。接下來要談更複雜的贈予關係。

美國的微生物學者、腸道細菌專家大衛．米爾斯（David Mills）博士，研究並揭開了母乳與嬰兒免疫系統之間的奇妙關係。

米爾斯及其研究團隊闡明，母乳不僅是嬰兒的營養來源，還具有促進嬰兒腸道中嬰兒雙歧桿菌（*Bifidobacterium infantis*，也就是比菲德氏菌的一種）繁殖的功能。這種比菲德氏菌能夠保護嬰兒尚未成熟的消化器官，避免受到病原菌入侵而引發感染症，因此具有重要的防護作用。

母乳中含有豐富的寡醣，有助於比菲德氏菌生長，促使這種菌守護嬰兒的健康。母乳產生出從「母親↓菌↓嬰兒」的能量流通，使嬰兒腸道內的發酵系統更健全，可說是最棒的營養食品。

以米爾斯博士的研究為代表，近年來逐漸揭開人類腸道中「令人驚奇的微生物生態系統」的運作原理（近來流行「如何使腸道更健康」的風潮，就是從這項研究發展開始）。嬰兒呱呱墜地，通過產道來到這個世上時，嬰兒會先受到母親腸道的菌叢「感染」。換句話說，母親肚子裡的生態系統，就像接力賽交棒給嬰兒。出生過了幾個月之後，這群由母親傳遞給嬰兒的微生物，便以嬰兒保鏢身分大顯身手；而保鏢的報酬就是母親的乳水。

在哺乳期結束後，嬰兒的肚子裡已有「從母親身上傳承而來的原始生態系統」，並混合著「自己攝取食物而形成的獨特生態系統」。微生物在嬰兒的肚子產生平衡作用，左右著孩子的消化吸收功能以及體質。

為維持人類的健康，絕對不能缺少微生物發揮作用。究其原因，微生物能幫助腸道消化吸收食物，攻擊入侵人體內的病原菌，讓免疫系統更健全。例如，有一份報告指出，洛德乳酸桿菌（*Lactobacillus reuteri*），具有抑制孩子半夜嚎啕大哭的作用。另外，麴菌分解而成的某一種糖類，能夠調整免疫系統失衡，帶來抑制花粉症與過敏症狀的效果。

突然聽到這些內容，或許您會難以置信，但您的身體並非只屬於您，還有好幾億、好幾兆的微生物在您的體內，這就是「和諧的共榮圈必須靠每一分子組成」的道理。

這群住在人類身體、與人類共同生存的微生物非常神奇。首先，最令人費解的地方，就是肚子裡的微生物不會被人類免疫系統攻擊這一點。這是因為人類的免疫系統作用是「阻擋自己以外的生物入侵體內」。人類受到病原菌或病毒感染時出現的發燒現象，正是免疫系統為打倒敵人而努力的證明。然而，這些在肚子裡與人類非同類的微生物，卻不受免疫系統攻擊而存活下來。儘管詳細原因至今尚未解開，但在人類進化的過程中，免疫系統似乎早已和微生物締結了「紳士協定」。彷彿微生物在六本木的VIP俱樂部的免疫閘門通道前表示：「我是腸道細菌，有事嗎？」說完之後就通過臉部辨識順利通關。這套系統協定可是花了很長一段時間才完成的呢。

根據這項紳士協定，人類會把攝取的部分食物熱量贈送給微生物。在互惠的關係下，微生物也會負責維護人類的部分健康。這種關係就像前面提到母乳的作用：母親→嬰兒、A菌→B菌，複雜地交錯在一起。以莫斯叔叔的理論來解釋，這並非「一對一的等值交換」，而是透過「不特定多數者的不等值交換」，使得能量不停地移動循環。在能量的移動之中，就產生了各種營養成分或健康功效等副產物。

也就是說，人類的肚子裡，擁有一座迷你特羅布里恩群島。在我們料想不到的地方，一群微生物正不眠不休持續展開庫拉交換儀式。倘若這種極細微的交換儀式往壞的方向循環，就會造成便秘、皮膚粗糙，再嚴重些甚至會演變為慢性疾病。相反地，如果往好的方向循環，就會每天排便順暢，皮膚也會光滑明亮，使人過著健康的每一天。

「要……要……要怎麼做，才能讓肚子裡產生良性循環呢？」

仔細想想，我們把發酵食品當成送給腸道微生物的「禮物」不是很好嗎？

破壞般的交流——誇富宴

最後，我要介紹有點特別的能量循環例子。

大家可以看到頁一八五的圖示，它表示醋的發酵過程。醋酸的發酵同樣非常深奧，「發酵→呼吸」，由不同的微生物進行交棒發揮作用而成。

那麼，我來開始解說吧。

首先，化學式最左邊的是乙醇，也就是酵母製成的酒精。它的旁邊是「氧化」，讓酒精與氧氣產生反應。接著醋酸它的性質是一種比乳酸還要更酸的強酸。最右邊則表示分解成「水」。此「醋酸」正是醋的廬山真面目。

「咦？與其說它是發酵，不如說是『呼吸』比較正確？」

您真是觀察入微。醋酸菌與乳酸菌是相同類型的細菌，必須靠呼吸才能生存。醋酸菌會吃下由酵母製造的乙醇，並藉由呼吸分解乙醇，製造出具強酸性的醋酸。完成之後，人類能靠這種醋酸維持腸道潔淨，同時醋酸對醃漬物也非常有幫助。

相較於我們人類或動物，醋酸菌藉由呼吸進行的分解力較弱。如果醋酸繼續分解下去，就會變成二氧化碳回歸大氣。然而，醋酸會在這一步之前停止分解，因此對人類有非常大的幫助。

酵母→醋酸菌→人類，這三者的性質都不相同，彼此之間產生了「不等值的交換」。三者的共通點都是靠ATP取得能量，但這三者所產生的副產物卻各自不同。不過，就是因為副產物的不同，才能活用在彼此不同的生物上。我認為這正是發酵中的總體呈獻，不曉得莫斯叔叔對此有什麼看法呢？

事實上，我們人類體內也會出現這種醋酸發酵的現象，就是「把酒喝下肚時」。當我們喝酒之後，體內開始吸收酵母作用產生的酒精，以及進行分解。實際上，在這過程中，體內也會和醋酸菌一樣，產生相同的代謝途徑。

對人類的身體來說，酒類所含的酒精，是麻痺神經與代謝功能的「毒」。然而我們困擾的是，這種「麻痺的感覺」會讓人樂在其中。就像八歧大蛇的神話故事，酒精（美酒）對人類來說是快樂的來源，但也能成為一種毒，同時具有一體兩面的特性。

酢酸発酵のプロセス

醋酸發酵過程

$$C_2H_5OH + O_2 \rightarrow CH_3COOH + H_2O$$

エタノール	酸化	酢酸	水
乙醇	氧化	醋酸	水

＞お酢

醋

當您黃湯下肚，沉浸在酒醉的愉悅背後，您的身體其實正在拚命地分解這項名為酒精之毒。體內的酵素、水分與氧氣會發揮作用，把酒精分解成乙醛。接著，乙醛會再被分解成醋酸。但身體還是會持續努力地分解，直到它變成二氧化碳與水，最後透過放屁與流汗的方式回歸大氣之中。酒精的分解必須運用到多種消化分解的功能，是一項極為費力的工作。

所謂「宿醉」，就是人體來不及把酒精分解殆盡，酒精的毒無法從體內消失，令人非常痛苦。有人呈現動彈不得的狀態，無法從被窩裡跨出一步，只能絕望地喃喃自語：「我下次絕對不會再說要喝到不醉不歸這種話了。」此時，人類趕不上酒精分解的速度，只好先暫時變成醋酸菌。

接下來，再把話題拉回文化人類學上。

這種「喝酒」的行為，相當於在發酵交換儀式中的「誇富宴（Potlatch）」。到目前為止，我提到的內容都是有關贈予的「好事」。當然，世上不可能盡是美好事物。此刻，閱讀本書的您，有時一定也會產生非理性的感情，或是想破壞一切的衝動吧。在進行交換、交流時，當然也會出現「非理性」或「破壞」這種負面因素。

文化人類學將這種具有破壞力的贈予稱為「誇富宴」，包括莫斯叔叔在內，許多人類學者都試著去解開其中的謎團。

所謂誇富宴，顯然就是一種過度的交換行為，它源自於北美大陸原住民的一種特殊文化儀式。一位部族的酋長為了炫耀自己的權力，把自己擁有的貴重寶物贈送出去，有時甚至還會在祭典儀式上，一把火將自己的財產付之一炬。這正是一種權力展現：「沒有任何傢伙比本大爺更闊氣了吧。我是王者！」面對這種展現極端慷慨大方、如同破壞規則般的贈予，假使另一方無法拿出回禮，拚不過贈予者的慷慨大方，就會矮人一截失去他人的尊敬，喪失成為權力者的資格。所以，誇富宴可說是一種「贈予的拳擊賽（互毆）」。

從另一個角度來看，權力者可以透過誇富宴定期分送自己的財產，此舉能防止財富集中在少數人手上，避免成為引發嚴重紛爭的火苗。

藉由過度與破壞，財富得以重新分配，防止任何一方在賽局中成為永遠的勝利者。誇富宴看似荒謬，卻在交換儀式中發揮了潤滑作用，其實是一種「必要之毒」。

人類並不是只靠理性行動。

非理性的感情會引起荒謬的行為。在某些特定的部族中，當文化變成社會制度的規範時，這種過度與破壞就會形成一種「祭典」活動。

就像「新橋居酒屋的上班族」這個部族，在美麗週五傍晚展開一場盛宴——誇富宴。部門主管率領部屬設宴款待，喝醉的新人能趁機對主管沒大沒小，暫時拋開平日職場階級。部門主管把積蓄的財富（薪水），以請客方式重新分配給部屬。

促成這群上班族舉辦盛大誇富宴的正是酒精。它能麻醉掌管人類理智的腦神經，澈底解放情感與衝動。讓他們暫時釋放公司累積的壓力，在享受快感的同時，身體也充滿了名為酒精的毒，使平日的正常代謝出現反常，就像宴會喧鬧混亂的場面，身體內部的情況也混亂不堪。

按理說，應當被人類馴服的酵母悄悄地下了毒，人類中毒之後，一時間拋下社會規範束縛，回到混亂的狀態。換句話說，人類召喚了破壞神——八岐大蛇的力量。不過，就像第一章介紹的內容，人類為了維持社會秩序，不能缺少這種「小小的破壞衝動」。

倘若無法定期並適度地重置權力結構，必然遭受他人妒忌，引發種種紛爭。因此，我們罪孽深重的人類會時而瘋狂、破壞看似穩定的秩序，再一次去重整社會。這種為維持秩序而不可缺少的破壞，就稱為誇富宴或祭典。在日本的傳統祭典中，有一種在大阪岸和田市舉行的祭典，名為「岸和田地車祭（岸和田だんじり祭）」。日本會有這麼多狂野粗暴、簡直要鬧出人命般的祭典，其實就是誇富宴的原理呢。

酒與人類社會的起源有著密不可分的關係，因此必然會在祭典中成為重要的角色。為了讓贈予之環以及交換儀式能永續循環，某些部分的「重置」是必要的。因此，我們會在那些時刻，利用「過度發酵」而酩酊大醉。就像透過猛烈危險的祭典，讓人體驗「死亡」的感覺。若從這個角度思考，宿醉在某種程度來說，或許也能稱為一種「死亡狀態」吧。

人類處於宿醉的狀態中，身體明顯會轉換成與平常不同的代謝模式。一般而言，糖分是能量的來源，然而在宿醉時，肝臟會優先分解酒精這項毒物，間接造成體內糖分減少。因此，喝酒會造成劇烈頭痛，就在於大腦的糖分不足，缺乏正常運作的能量。另外，水是維持人體機能的主要物質，然而為了分解酒精，水會不斷地被排出體外。

頭痛欲裂加上身體脫水而動彈不得，呈現全身癱軟無力的狀態，就是因為受到了酒精這種毒的影響。飲酒過量而爛醉不醒，能使身心從常規中溜走，人類藉助這種毒而假死，得以暫時獲得重置。

人類在祭典之後暫時死去，呈現出另一種狀態。

什麼？您問我不做人要做什麼？

當然是成為菌啦。

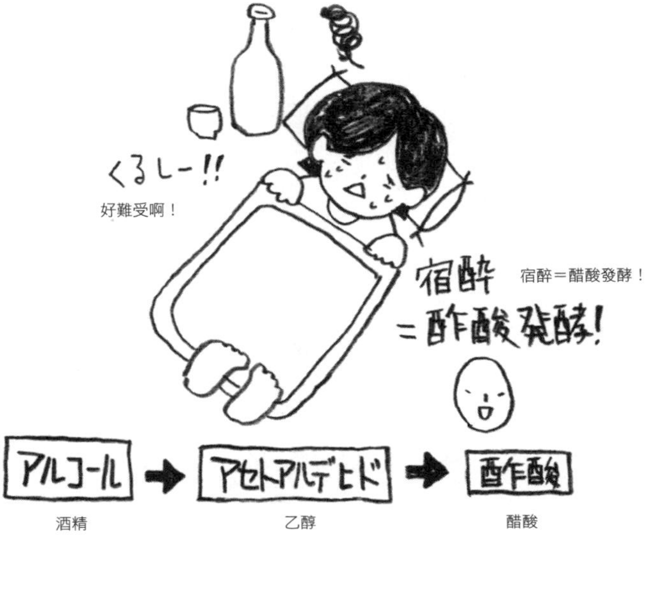

以發酵為名的禮物經濟

接著來彙整本章的內容吧。

由於我與地區製造商、地方政府一起著手設計工作，在進行地方再造、推廣環保活動中，有時候會受到委託，希望能分享發酵的相關內容。

當時，我獲得許多人的意見回饋，其中包括企畫人員以及參加活動的人都表示：「拓先生分享的發酵內容，有好多地方都適用於人類社會呢。」

其中必然有一些不為人知的原因吧。

這群肉眼看不見的自然界居民，它們發揮的作用是整個地球上所有生態系統的基礎，我們人類的生活正是建立在這基礎之上。比方說，飲食經由腸道分解、透過呼吸製造能量、肛門排出糞便、分解酒精恢復宿醉，全部都得仰賴微生物才得以運作。

除了人體的運作以外，人與人連結進而建立群體，藉由各種物品的交換，建立彼此之間的關係，這些都與微生物世界產生的現象極為相似。

彼此不同的夥伴經由協調，放棄對立而轉為互助的關係，同時藉由多個不同群體循環不息的禮物贈予形成了秩序。其超越了個人的想法與算計，形成整個生態系統的「互助合作」關係。此生態系統連秩序以外的「破壞」都囊括在內，確保了多樣性與永續發展性。

生態系統充滿了Love & Peace，請試著Imagine吧。

第二次世界大戰過後，過於利己的個人主義與等值交換引起了紛爭，消耗了西歐社會成本。因此，馬林諾斯基與莫斯叔叔研究文化人類學所發現的贈予世界，就成為了反文化（Counter-culture）的象徵。

生活在二十一世紀的日本，已經在發酵的贈予世界中，重新理解這種互助合作的循環不息。我們不應基於個人對個人的市場原理進行交流，而應在共同群體之中，依循愛與贈予的原理，夢想著彼此互助合作的交流。我們在世界上，不應只以一種既定的價值觀與他人競爭，而是能在多元價值中，互相認同每一個人的獨特性。

以贈予的原理運作的世界稱為「禮物經濟（Gift economy）」，與過去的資本主義的市場原理不同。也是由莫斯叔叔提出總體呈獻的世界觀形成的經濟。它超越了個人的得失，就像慷慨大方贈送隔壁鄰居禮物，形成交流循環的一種經濟方式。

這種交流循環並不是在做白日夢，實際上已存在於我們的社會，比如志工團體或地方社區，或者是家人彼此之間的關係。匈牙利的經濟學者卡爾．博蘭尼（Karl Polanyi）在經濟學中，延伸發展莫斯叔叔的贈予理論：

「如果分別去看經濟體系與市場，之前的時代，市場只不過是經濟生活中的附屬品。

一般而言，經濟體系被吸收在社會體系之中。」

在比現代資本主義社會更早以前，世界上「只有」禮物經濟。人與人在交換物品時，一定會附帶各式各樣形成社會的「副產物」。禮節儀式、愛、祭典、門面……複雜地交錯在一起，藉由交換的文化，使社會秩序得以維持。「經濟體系被吸收在社會體系之中」，則代表透過經濟行為，與其他夥伴的關係更好，也等同形成秩序。

近代資本主義的經濟體制下，強者握有決對的勝算，弱者只會節節敗退，在如此嚴峻的經濟市場中，我們若寄望於禮物經濟，透過互助合作的交流循環，或許情況會出現逆轉。但我們若是處在一個人人互相排擠的環境，最後會是一個安居樂業的世界嗎？

我們之所以期待社會形成一個互助合作的循環，正是源自發酵「贈予原理」產生的作用。從發酵微生物身上學習，實際上就等於我們學習了人類社會秩序的起源。

我們迷醉於近代利益追逐的遊戲中，猶如喝下酒精而酩酊大醉，或許還一直處在宿醉的狀態中吧。

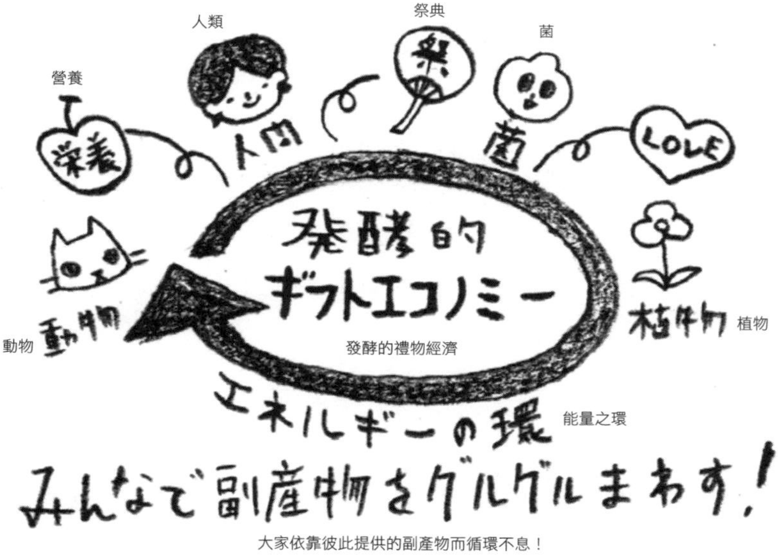
營養
栄養
人類
人間
祭典
祭
菌
菌
LOVE
発酵的
ギフトエコノミー
發酵的禮物經濟
動物
動物
植物
植物
エネルギーの環
能量之環
みんなで副産物をグルグルまわす！
大家依靠彼此提供的副產物而循環不息！

COLUMN 5

羞於向人請教——酒的基礎知識

發酵文化中，人類最大的嗜好品應該就是酒。

世界各充滿各式各樣的酒，代表了土地多樣性的重要。儘管酒在日常隨手可得，但很意外地，許多人完全不清楚它的原理。

我想再一次簡單介紹「什麼是酒」。

讓酵母菌吃掉糖分變成酒精飲料

所有酒類的共通定義就是：

讓酵母菌吃掉糖分變成酒精飲料。

若是葡萄酒，酵母就會吃掉葡萄的糖分；若是啤酒，酵母則會吃掉麥芽的糖分。

〈酒的定義〉

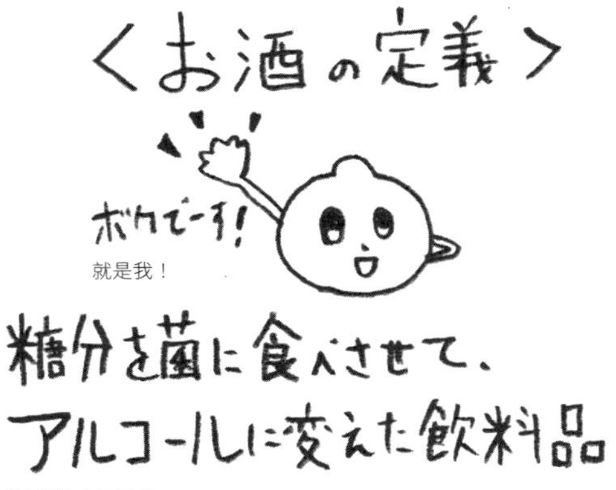

就是我！

讓酵母菌吃掉糖分
變成酒精飲料

接著，酵母就會製造出好喝的飲料。原本釀酒的原料是果實或穀物，但中亞地區竟然出現以家畜的乳汁釀成的乳酒；北歐地區則有蜂蜜酒；中美洲也有以龍舌蘭的莖釀成的龍舌蘭酒。世界各地以各種不同的食材釀酒，不管什麼材料都拿來嘗試，感受到人類執著於喝酒的欲望啊。

幾乎所有的酒都是由酵母製造酒精而成，不過也有一些極少見的例子，利用特別的細菌或乳酸菌去釀造酒。

釀造酒與蒸餾酒

以酵母去釀造葡萄汁，最後會變成葡萄酒。葡萄酒經過蒸餾（酒精加熱揮發後可萃取純度更高的酒精）之後，就會變成白蘭地。以酵母去釀造麥，最後會變成啤酒。啤酒經過蒸餾之後，成為威士忌。

以酵母或麴菌去釀造米為日本酒。日本酒經過蒸餾，就變成燒酎（日本蒸餾酒）。

葡萄酒、啤酒與日本酒稱為「釀造酒」，而白蘭地、威士忌與燒酎則稱為「蒸餾酒」。也就是說，經過加工的釀造酒就是蒸餾酒了。把酒與水分離之後，萃取的酒精濃度會更高，同時凝結香氣並更易保存。

釀造酒的酒精濃度約在百分之五到十五，而蒸餾酒的酒精濃度則高達百分之二十五到六十左右。波蘭特產的伏特加蒸餾酒——Spirytus的酒精濃度竟然高達百分之九十六！我在大學時期，曾經多次在好玩的情況下喝它，通過喉嚨瞬間就像發生火災，產生強烈灼熱感。我能慢慢喝下的蒸餾酒，大約百分之六十的濃度就已經達到極限，比如中國的茅台酒或沖繩的泡盛古酒等。

那麼，人們為什麼要把原本就很好喝的釀造酒加工成蒸餾酒呢？

第一項理由是讓酒長期保存（高濃度酒精難以腐敗）。由於過去的釀造酒容易腐敗，因此適合透過蒸餾技術來提高保存性。

第二項理由是，即使釀造不完全的釀造酒，經過蒸餾後也能飲用。在蒸餾酒中，有一種利用葡萄榨取的殘渣製成的義式白蘭地（Grappa）；也有一種是利用日本酒榨取過後的酒粕，經由蒸餾製成的粕取燒酎。這些充分利用剩餘材料的方法還有非常多，一點都不剩地全部拿來釀造成酒，蒸餾酒可說是從毫不浪費的精神中誕生出來。

第三項理由是蒸餾酒能夠凝結香氣與風味。我去了中國與歐洲之後，發現高級酒的種類多半是蒸餾酒。高品質製成的蒸餾酒，能夠凝結留住原料的香氣與風味，經過幾年的沉睡之後，將成為風味更香醇的美酒。

以下是我個人的看法，蒸餾酒應該靠「鼻子」來喝。將沉睡十年的上等蘇格蘭威士忌倒入杯子，鼻子湊上前三分鐘左右，就會沉醉在迷人的酒香裡。相反地，如果我們捏住鼻子，無論是廉價酒或具有年分的酒，或許都沒有辦法分辨其中差異。

釀造酒
醸造酒
蒸留する
蒸餾
蒸餾酒
蒸留酒
ワイン
葡萄酒
ブランデー
白蘭地
日本酒
日本酒
焼酎
燒酎
ビール
啤酒
ウィスキー
威士忌

用盡一切方式提升感官體驗

酒在最初稱為「嗜好品」。嗜好品的命脈，在於是否能使人沉醉其中，也就是所美好的感官體驗。換句話說，酒的文化必須不斷提升令人「沉醉」的感覺。

以糖分作為原料釀造成酒，經由蒸餾萃取高濃度的酒精。這些基本過程之後，再運用各種方式提升感官體驗。

比方說，雞尾酒中最基礎的調酒，馬丁尼的基底酒是琴酒。琴酒的原料是麥或馬鈴薯，蒸餾過後再浸泡杜松果實，最後萃取出香氣。事實上，日本的梅酒也運用類似的原理。方法是將砂糖與梅子加入日本蒸餾酒中，醃漬過後再萃取出風味。

中國有一些奇異的餐廳，大多能點到菜單上沒有的中國蒸餾酒。這些蒸餾酒會醃漬蠍子、蛇、蜘蛛或胡蜂等，簡直令人嘆為觀止，不過據說有滋養強壯身體的功效，非常珍貴（味道則……不太好喝）。

除了醃漬以外，還有其他不同的方法。

例如，葡萄酒第一次發酵釀造之後，移到密封瓶中進行二次發酵，會像啤酒發酵一樣產生二氧化碳，最後就成為香檳酒。另外還有一種酒，會故意讓採收前的葡萄上布滿一種灰色的黴菌，使葡萄水分揮發、糖分極度濃縮，接著進行釀造，最後就成為貴腐酒。將日本甘酒加入酒精釀造，使其熟成之後，就會成為超級甜的日本酒，它正是所謂的味醂。

酒的種類實在豐富，有像哈密瓜一樣的

甜日本酒、猶如香料般的辛辣紅酒、煙燻味般的威士忌、鳳梨果香味的茅台酒。人類充分運用智慧與下工夫，為追逐味覺與感官體驗，走遍天涯海角；正因為人類的好奇心與執著精神，才能創造出酒的文化。

PART 5

釀造藝術論

～美與感性的宇宙論～

本章提要

第五章的主題是「酒與釀造者的感性」。
本章將以系統的方式，檢視甲州葡萄酒與日本酒的釀造方法及其歷史。對人類來說，美到底為何？本章將不厭其煩地向下深掘。同時穿插釀造技術的詳細解說與文化論。本章將是本書中最值得閱讀的內容。

主題

□甲州葡萄酒的歷史與釀造方法
□現代中的日本酒系統
□何謂人類在感受藝術時的感性？

美存在著普遍性嗎？

我還記得在法國巴黎留學時期念藝術的回憶。

羅浮宮是收藏古今中外藝術品的藝術殿堂，它針對學生推出一項極為優惠的方案——年票通行證（我記得費用約三千日圓）。二十歲正是我對藝術燃起熱情的時期。只要一有時間，我就會去羅浮宮報到，屏氣凝神地觀察與臨摹作品。剛開始時，我經常會欣賞達文西的《蒙娜麗莎》等文藝復興時期的繪畫，以及《薩莫色雷斯的勝利女神》這些希臘雕刻作品。過程中我也有機會接觸到古代的黎巴嫩雕刻與埃及的藝術作品，並開始留意這些意義深遠的作品。

我主要學習的藝術是從希臘開始的西洋美術系統，與古代近東、絲路、非洲，以及中南美的古典藝術截然不同。

西洋藝術儼然已成為一種標準，我不停地把它拿來對照世界各地這些作者不詳的藝術作品，到現在我心中依然有一個非常大的疑問：美存在著普遍性嗎？

「拓先生，不管古今中外，你知道任何藝術都存在著普遍性嗎？就像達文西的著名人體圖《維特魯威人》一樣，生物界中也藏著黃金比例。許多偉大的藝術作品，也都能找到費波那契數列（Fibonacci numbers）[39]這種普遍的定律呢。」

嗯……果真如此嗎？

那麼，你看看西洋美術起源的《薩莫色雷斯的勝利女神》吧。人們發現它時早已殘破不堪，當初完成或許完美無缺，但現在就像半毀的廢棄品一樣呢！而且我們還不斷地吹捧它「美」。不管怎麼想，在希臘文明以前的古代近東藝術之中，確實充滿了許多與黃金比例無關的作品（甚至稱不上是藝術品），我不禁聯想到其它物品，就像當時街頭叔叔阿姨們使用的水壺等生活日用品，設計同樣令人印象深刻。

稍微回顧幾項現代藝術作品。不少人看過畢卡索的《哭泣的女人》後，都表示像小朋友的塗鴉一樣；約瑟夫．博伊斯（Joseph Beuys）[40]的藝術作品與「美」的距離可能也相差

39. 0, 1, 1, 2, 3, 5, 8, 13……。指一串數字中，每一項數字是前兩項數字的總和。自然界中，植物的葉子與花瓣的數量，皆符合費波那契數列的排列。彼此相鄰2個數字的總和會無限接近黃金比例（約5:8）。

40. 德國當代藝術家。提倡「社會雕刻」的概念，把藝術概念擴及社會革命層面。作品與一般追求美的藝術作品完全不同，風格迥異。

了一百哩。然而，看過畢卡索的作品我們會感到自我世界的震撼，接觸博伊斯之後會改變對世界的看法。

我們追求普遍存在於自然界中的定律，具體呈現這些美確實很好；然而除了這些定律以外，追求新價值而體現出不同的美也很棒。如果美存在著普遍性，我想那就是「多樣性」吧。

一個地區會因為當地的氣候與風土、宗教、政治、一位天才或無數人民，創造出只屬於那個時代、那個場域才成立的原始之美。這些美麗之中，只有極少數可以跨越時代，成為經典，並不斷地日積月累而成為歷史。

但是呢，這些曠世巨作能夠成為經典之作，或許只是剛好躲過戰火；或作品忠實呈現時代的文化；或藝術收藏家煩惱著遺產稅；或者運氣剛好而已。

「所以，拓先生到底想表達什麼重點呢？」

我想表達，美不能避開時代及其脈絡。

美存在於歷史這片土壤之中，並受到時代這陣風的引領孕育成形。

橫跨絲路的葡萄

從東京搭乘中央線往西邊移動，通過高尾地區，再越過幾個險峻山頭，視野突然變得廣闊，甲府盆地盡收眼底，這片土地就是我現在居住的山梨地區。

盆地的斜坡寬廣遼闊，放眼望去全是葡萄園，此地區橫跨勝沼葡萄鄉站與山梨市站。在這片小小土地上，多達五十間以上的葡萄酒製造商，可說是日本首屈一指的「葡萄酒釀造地」呢。

換句話說，我家附近盡是葡萄酒廠呢，啊嗬！

「怎麼一下子從法國的藝術跳到山梨的葡萄酒話題呢？」可能會有很多人想抱怨，但這些內容可是有所關聯的，

世界上存在著普遍的美嗎？

請大家放心吧。

主要在於日本甲府盆地有釀造「甲州葡萄酒」的在地酒文化。如果仔細研究，就能解開「到底什麼是美？」謎團背後的祕密。

開始葡萄酒的話題之前，我先介紹它的原料——葡萄。

甲州葡萄酒的主要原料是甲州葡萄，其起源可回溯距今一千三百年前，是奈良時代初期——西元七一八年（竟然與麴的起源時期幾乎相同）。有一項傳說流傳至今，在勝沼的著名寺院大善寺中，當時的高僧行基打坐時，接收到藥師如來佛將贈予葡萄的指示。

真不愧是充滿奇幻色彩的傳說，當時正值中國唐朝的佛教傳入日本，同時也帶來了葡萄。如同在第三章提到碁石茶也曾敘述，西元七世紀到十世紀，唐朝是世界的貿易中心，與全世界持續往來交易。我們在學校學過的「遣唐使」文化，正是當時中國進行的一項世界策略。

最晚也是在八世紀初左右，葡萄由中國大陸遠渡重洋來到日本梨山。若問這些葡萄的運送途徑，可是從波斯經由絲路千里迢迢而來的呢。葡萄又香又甜，現在的確可以當成點心，但當年卻是一項珍貴難得的藥材。接續前面提到的內容，大善寺中仍保存著一尊手持葡萄的藥師如來佛像，象徵著神的慈悲，以及豐穰的大地。

這麼棒的食物，按理說應該能像茶或麴一樣傳遍日本全國各地吧？然而，葡萄的情況並非如此。一直到江戶時代，只有甲府盆地少部分的果農，把葡萄當作土產販售，基本上它屬於少數、次要的存在而已。

為什麼日本無法像西方國家一樣深耕葡萄文化呢？

答案很簡單。因為日本並沒有飲用葡萄酒的文化。

葡萄酒並不是酒

如果去一趟葡萄酒大國法國或義大利就會知道，在飲食場所喝葡萄酒是再自然不過的事；超級市場裡葡萄酒和礦泉水的價格幾乎相同。這樣的文化，自然能體會到葡萄酒像水一樣普通。但這並非指大家酒量好，把酒當成水喝（當然也有這樣的事）。從歷史層面去看就會明白，在過去葡萄酒是一種能「安全治癒喉嚨乾癢的液體」呢。

在山梨致力發展甲州葡萄酒的傳奇人物——麻井宇介在比較東西方的葡萄酒之後，點出了非常有意思的事情。

「現在的葡萄酒與過去用途不同，過去人們喝葡萄酒並不是為了買醉，而是口渴時用它取代果汁。為了能在下次葡萄收穫前能持續喝到，於是讓它能長期保存。發酵可以延長葡萄汁的保存期限，與肉類搭配更能帶出料理的風味。」[41]

相信閱讀到這裡的您一定能夠了解。

葡萄酒是安全且不會腐敗的葡萄果汁，同時也是在缺水乾燥土地之中的寶貴水分來源，與畜牧文化誕生出的肉類料理非常對味。在基督教中，麵包象徵耶穌基督的身體，葡萄酒則象徵耶穌基督的血。無論是哪一項，都顯現出葡萄是西洋發酵文化的重要核心。讓麥發酵之後就能當作主食，讓葡萄發酵之後就能當作飲料，發酵可說是為了保存珍貴食材，與提高健康效果的必然解決之道。用餐時以麵包沾抹家畜的肉汁與血，搭配葡萄酒的澀味就能中和肉類的腥味，還能透過葡萄酒促進消化。葡萄酒不僅超越嗜好品的定位，甚至成為西方國家飲食文化中的基礎。

日本的情況又是如何呢？日本土地擁有源源不絕的豐富水源，又沒有吃肉的文化，也就等於沒有必要去喝葡萄酒。況且醃蘿蔔配上用米釀成的酒十分對味。如果拿法國著名的勃艮第高級葡萄酒搭配鹽漬魚卵，肯定會歷經一場駭人的味覺體驗。

於是，日本無法發揮葡萄以及葡萄酒的價值，只能成為少數的存在，無法站上世界歷史的舞臺。日本開始正視葡萄文化是在明治的文明開化之後，誕生的地點正是山梨。

何謂風土條件

一八七七年，文明開化過後不久，高野正誠與土屋龍憲這兩位青年從山梨遠赴法國，學習葡萄酒的釀造方法，從此正式開啟日本葡萄酒的歷史。

葡萄酒似乎是符合日本人口味的洋酒，與啤酒並列為最初在日本扎根的洋酒文化。兩位青年的故鄉是甲府盆地，於是成為日本最初並

41. 引用麻井宇介的《比較葡萄酒文化考察》第70頁。

葡萄酒＝安全的水

且最大的國產葡萄酒釀造地。當然在於甲府盆地是葡萄栽培地區。

接下來，終於要正式展開葡萄酒的話題了。

葡萄酒是由葡萄釀造的「水果酒」。水果酒的釀造必須在果園附近。究其原因，必須趁果汁新鮮狀態時開始釀造，能釀造出香醇好喝的美酒。

另外，使用麥來釀造的啤酒，以及用米釀造的日本酒，這些「穀物酒」的原料——穀物的保存性高，即使離開麥田或稻田也能夠進行釀造。實際上，都市有很多小型製造商，會以少量進貨的方式來釀造啤酒。

然而，葡萄酒用這種方法是行不通。法國的波爾多或勃艮第、義大利的皮埃蒙特、西班牙的里奧哈，這些地方有著「葡萄酒著名產地」稱號，就一定是「葡萄的著名產地」。因此，山梨是日本唯一的葡萄產地，成為葡萄酒的著名產地也是必然結果。

葡萄酒的品質取決於葡萄的品質。一般釀酒完成時，仰賴的是「原料品質」與「釀造技術」兩種條件。但是釀造日本酒時，原料品質與釀造技術這兩項的水準必須一樣高，酒的品質才會好。採用最新技術的釀酒廠，在釀造技術上花時間的比例就會偏高。正因為釀造程序複雜，人類必須騰出時間來精進技術。

然而，葡萄酒的情況剛好相反，原料品質的好壞占八成，釀造技術則占兩成。釀造者甚至斬釘截鐵地表示，成功的關鍵幾乎取決於原料——葡萄，足見葡萄的品質對釀酒結果具有壓倒性的影響。換句話說，人類能干涉的程度相當有限。

因此，就結果來看，釀造葡萄酒＝農業。釀造家必須思考，如何種植釀出美味葡萄酒的葡萄，才是釀造葡萄酒的本質。所以擅長釀造葡萄酒的專家一定都會「親自培育葡萄」。日本酒的釀造專家不一定會親自栽培稻米，但葡萄酒的釀造專家如果不親自接觸葡萄，大家則會認為這是一件不可思議的事。在開始釀造葡萄酒之前，釀造家必須每天注意葡萄的成長情況，只為提高葡萄酒的品質。因此，釀造葡萄酒的專家會住在葡萄栽培的地區，同時擁有「葡萄果農」的身分。

葡萄酒從葡萄的栽培地區誕生，換個敘述，就是——葡萄酒無法離開葡萄出生的風土環境。這也就是人們在評鑑葡萄酒時，經常會提到的「風土條件」的本質。

葡萄酒的品質＝葡萄的品質＝土地的品質，正是所謂的風土條件。

甲州葡萄酒的獨特性

所謂甲州葡萄酒的獨特性，到底是什麼呢？若要區分它，大致上可分為：

【風土條件】在地理與氣候上，一半像歐洲，一半屬於日本。
【葡　萄】使用從中國絲路遠渡重洋抵達甲州的葡萄進行釀造。

主要特徵可區分為以上兩點。

首先，來看風土條件。我居住的甲府盆地，正是所謂的日本山村，有著別具一格的奇妙景觀。走不完的坡道、隨處可見裸露的岩石表面。道路由石塊舖設而成，低矮的果樹園延綿不斷。日夜溫差大，夏天炎熱，冬天寒冷。風會從山上往盆地吹，空氣乾燥。看見瀟灑聳立在山丘的釀酒廠與葡萄酒餐廳建築物，彷彿置身於法國的鄉間。

儘管與歐洲相似，基本上這裡仍然屬於日本。因為每年的梅雨會使環境變得潮溼，冬天還會降下大雪成為銀色世界，還有好幾條水量豐沛的河川。由於水氣充足，所以不會有猛烈陽光照射路面而產生燒焦般的情況。這裡的世界，與西班牙中部極為嚴峻、僅有零零星星的橄欖樹或葡萄樹生長的紅色不毛之地完全不同。

「一半像歐洲，一半屬於日本」的氣候，對葡萄的生長與品質帶來了絕佳的影響。

接著介紹葡萄。甲州葡萄酒最明顯獨特之處，就是使用一千三百年前，從中國傳來日本的「甲州葡萄」所釀造的白葡萄酒。當然，也有許多白葡萄酒使用歐洲或美洲進口的葡萄種葡萄釀造。但只要提到甲州葡萄酒，大家還是會想到「甲州葡萄釀成的白葡萄酒」，因為甲州葡萄對這片土地上的葡萄酒釀造家來說是一大驕傲。

用一句簡單的話來介紹，甲州葡萄是一種未經由人工改良的純樸葡萄。

在法國或義大利，大多會使用「葡萄酒專用而改良進化的葡萄」進行釀造。進口葡萄酒的瓶身印有「卡本內蘇維翁（Cabernet Sauvignon）」或「莎當妮（Chardonnay）」名稱，這些名稱都是「葡萄酒專用而改良

甲州葡萄酒＝以甲州葡萄釀造而成的白葡萄酒

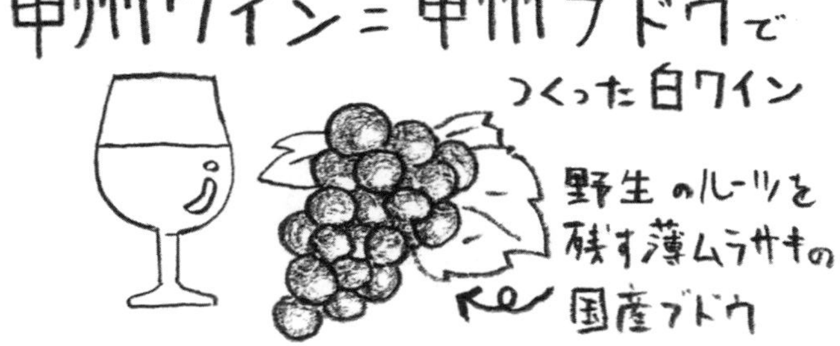

保有野生葡萄根源並帶著
淡紫色的國產葡萄

進化的葡萄[42]」。

相較之下，甲州葡萄並不是釀酒專用而改良進化的葡萄。而且，它也不是那種一串兩到三千日圓的極甜、連皮都可吃下肚，在一般水果行就能隨意買到的水果點心。歐洲花了數百年時間，反覆地評選與改良葡萄，使其進化成更適合釀造葡萄酒或食用的優良品種。然而，在這段期間，甲州葡萄卻一直愜意地生長在荒山野嶺的某個角落。

換句話說，甲州葡萄保有古代世界的原貌，彷彿一直存放在時空膠囊一樣。它沒有葡萄酒專用葡萄的濃縮甜味與澀味，也沒有食用高級葡萄的口感，甚至沒有釀酒用的大小特徵，以及當成水果點心的甜度。這種葡萄就像一位農村女孩來到大都市深感驚訝：「原來這就是現代社會啊！」

如同漫畫或日劇中經常出現的橋段，「鄉下土包子女孩受到一流製作人賞識，挖掘出特色個性，搖身一變成為充滿魅力的女演員。」處於現代的甲州葡萄酒，也像如此。

日式葡萄酒的源流

接著來談一些有趣的話題。

我家附近有一家釀酒廠——位於山梨市的旭洋酒（Soleil wine），我們一起隨著鈴木剛、鈴木順子這對夫婦的經營故事，貼近「日式葡萄酒」的本質吧。

只要看旭洋酒的歷史，就等於回顧山梨葡萄酒文化的歷史。

二〇〇二年，在山梨縣外學習釀造學的鈴木夫妻，繼承二戰以前由葡萄果農共同成立的葡萄酒釀造所。新世代的釀造家，把這項文明開化後的經典搖身變為摩登潮流。研究旭洋酒的日式葡萄酒起源，同時也可當作放眼未來的參考。

過去，旭洋酒是一間由葡萄果農共同出資經營，稱為「小區釀酒廠（Block winery）」的釀造所。據說當初成立的主要目的，是把生長得不夠完美、賣相不佳的葡萄，拿來運用在葡萄酒的釀造。在山梨只要提到葡萄酒，就會想到日本明治時期到二戰結束之後不久，這些果農兼釀造「葡萄酒」。

這時期的葡萄酒釀造方式較為寬鬆。葡萄經由壓榨機完成壓榨程序，接著倒入大量砂

42.

歐洲常用的葡萄酒專用葡萄會反覆地進行評選，挑選出不斷進化，最適合釀造的葡萄品種。

糖在葡萄汁裡，等待果汁發酵冒泡時，覺得「差不多可以喝了」，再裝瓶完成作業。釀造法極為簡單，果農釀造濁酒般的葡萄酒展現著隨興自在。

為了讓大家能明白這些做法到底有多麼寬鬆，我在這裡概略介紹目前一般的葡萄酒釀造程序，來比較其中差異。程序如下：

〈紅葡萄酒〉

2. 保留葡萄果皮與籽，與葡萄汁一起發酵。
3. 適度施加壓力榨取葡萄汁（紅）。
4. 使葡萄汁（紅）進行發酵。

（567的程序與白葡萄酒相同）

〈白葡萄酒〉

1. 在最適當的時機摘下葡萄果實。
2. 施加壓力榨取葡萄汁（白）。
3. 去除皮渣僅保留清澄的葡萄汁。
4. 使葡萄汁（白）進行發酵。
5. 過濾去除葡萄汁中的沉澱物。
6. 在適當期間於釀造槽中使葡萄汁熟成並調整味道。
7. 去除葡萄酒中的雜質，裝瓶後出貨，或者再繼續熟成。

葡萄酒的發酵過程

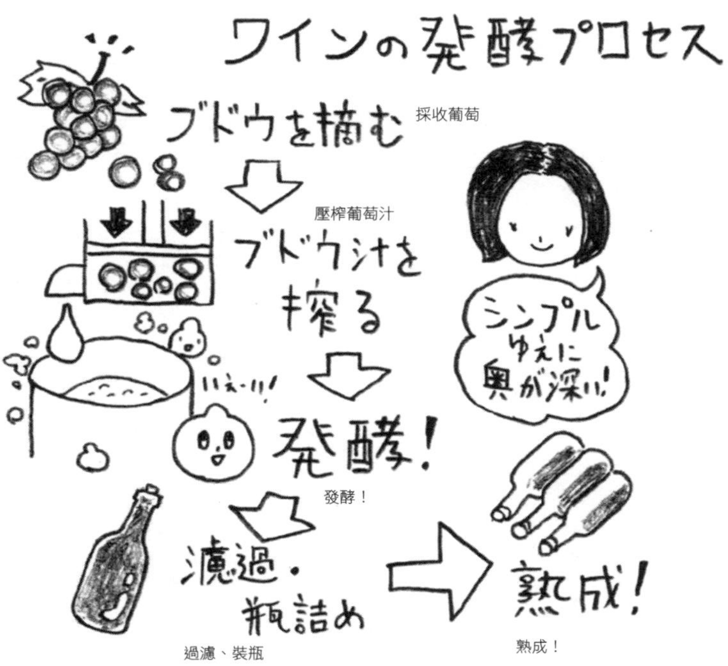

ワインの発酵プロセス
ブドウを摘む
採收葡萄
壓榨葡萄汁
ブドウ汁を搾る
シンプルゆえに奥が深い!
発酵!
發酵！
濾過・瓶詰め
熟成!
過濾、裝瓶
熟成！

相信大家一看就能明白，比起前述釀造濁酒般的葡萄酒，這種釀造方法相較複雜而且精確，特別是連葡萄皮都要一起發酵的紅葡萄酒，需要更複雜精細的釀造程序。

關鍵在於「適當」的拿捏與掌握。釀造家會一邊想像著自己設計的葡萄酒味道，一邊微調葡萄的採收時機、壓榨方式，並決定酵母種類，以及發酵、熟成的溫度與時程。藉由這些細膩技術的累積，葡萄酒的完成品質也會隨之提升。當然，基本上葡萄本身的品質還是最重要的，不過仍舊要靠釀造家的技術，才能把葡萄的潛力發揮到最大。

如此複雜精細的釀造法，在法國或義大利等葡萄酒大國，也是花了好幾百年的時光才達到熟嫻的技術——栽培最棒的葡萄，以最棒的技術釀造，再賣出最棒的價格。

透過「最棒×最棒×最棒」的三重原理，葡萄酒在國際市場，早已超越單純只是一瓶酒的層次，榮獲猶如藝術品般的地位。好比在日本泡沫經濟時期（一九八〇年代後期到九〇年代初期），許多富豪買下梵谷或夏卡爾的繪畫，同時也爭相競標波爾多或勃艮第的高級葡萄酒；這種行為與「買下最棒的藝術品」的意義相同。話說回來，要是無法嚴肅看待一瓶要價一百萬日圓的葡萄酒，實在很難喝得下去呢！

日本尚未擁有「將葡萄酒視為藝術品」的觀念以前，山梨的葡萄酒，只是「果農釀造濁酒般的葡萄酒」。總而言之，過去大家認為，只要讓葡萄發酵變成酒就可以了。為了糊弄葡萄的品質，只能放入大量的砂糖（因為葡萄甜度太低，酵母就無法好好地發揮作用）。這種葡萄酒在口感上變得非常甜膩，當然也不可能產生高級葡萄酒的深厚風味與甘醇，這就是葡萄酒在日本一直到昭和時期（一九八九年）的實際情況。

我來到山梨最驚訝的事情，就是我所認知的時尚葡萄酒文化，與過去「山梨在地酒的葡萄酒文化」落差實在太大。我們不妨想像一個畫面。傍晚，穿著寬鬆七分褲的大叔，坐在和式矮桌旁，一邊喝葡萄酒，一邊觀賞電視轉播的夜間棒球賽。酒瓶還使用日本酒用的一升瓶（一千八百毫升）。大叔把葡萄酒咕咚咕咚地倒進茶碗裡，配上鮪魚生魚片與醃漬物大口暢飲。這樣的景象出現在眼前，可能會有人覺得：

「這是怎麼一回事啊！」

「這種喝酒方式也能叫做喝葡萄酒嗎？」

「不是應該遵照世界標準，釀造出更正統的葡萄酒才對嗎？」

然而，大家會提出這些看法，也是在高度經濟成長期（一九五五至一九七三年）之後的事了。沒有錯，一直到日本開始變得有錢，大家才「把葡萄酒視為藝術品」，正式邁進追求嗜好、收藏葡萄酒的階段。於是，直到一九八〇年代以後，這間位於山梨尋求進步的葡萄酒製造商，捨去過去濁酒般的葡萄酒釀造法，正式踏上與世界共通的正統葡萄酒釀造之路。

何謂世界標準的正統葡萄酒呢？

究竟什麼又是世界共通的正統葡萄酒呢？

在法國與義大利，所謂「登峰造極的葡萄酒」，指的是波爾多或皮埃蒙特等著名產地之中的一小撮葡萄園，經採收釀造以及長期熟成的「飽滿酒體（Full-bodied）且標示年分的上等紅葡萄酒」。其方法是將完全成熟的葡萄，壓榨成糖分飽滿的葡萄汁，連同果皮的澀味一起進行發酵。發酵的過程中會產生強烈的酸味與澀味，不過經過多年熟成後，將昇華成圓潤醇厚的口感，產生葡萄原料中沒有的熟成香氣，成為風味香醇的高級酒。

我曾經多次喝過這種酒，口感彷彿水一般。當酒碰到舌尖的瞬間，澀味與飽滿香味融和在一起，這種醇厚味道彷彿數種果香以及香料交融結合，香氣在口中四溢。接著，葡萄酒通過喉嚨之際，猶如花開之後的餘香瞬間擴散……光是寫這段文字，腦海中就浮現極為細膩且複雜的味道。釀造之前的甜蜜葡萄汁已不復存，取而代之的是，遠離原始自然味道卻更具價值的風味。

即便是葡萄，也是好幾百年持續透過品種改良而成的專用葡萄。不管是原料或是釀造法，都是採用想像不到的高規格來進行。而且，想感受這種味道，如果沒有「愛好葡萄酒的成熟味蕾」，就無法體會其中的美好。要是找來年紀二十出頭、平時喝慣雞尾酒或蒸餾酒加果汁蘇打水的年輕人，邀請他們喝下高級葡萄酒，或許只會出現：

「太苦太澀了吧！根本就不好喝！」

這種正統葡萄酒的文化，除了需要提升釀造家與釀造廠的素質以外，如果消費者沒有跟著成長，文化就無法向下扎根。即使說得如此明確，仍然是一項困難的挑戰。

莽撞挑戰這項難題的人，正是我引用其著作內容的葡萄酒界傳奇人物——麻井宇介[43]。這位葡萄酒大叔與山梨的年輕釀造家一起研究歐洲的葡萄酒，栽培像梅洛（Merlot）與莎當妮這種歐洲品種的葡萄，使其充分地發酵、熟成，他們挑戰釀造正統的葡萄酒。在發酵完後陸續出貨，種類有一升瓶[44]價格一至兩千日圓的葡萄酒，以及每瓶

43. 日本的葡萄酒研究家、顧問。對山梨葡萄酒釀造的發展具有卓越貢獻，帶給新一輩的釀造家深遠影響。

44. 一般葡萄酒的瓶裝容量為750ml。但由於甲州葡萄酒在一開始就採用日本酒的酒瓶裝瓶出貨，因此市面上會出現720ml的四合瓶，以及1800ml的一升瓶裝甲州葡萄酒。

五千日圓以上、經由長期熟成而酒體飽滿的葡萄酒。喜愛葡萄酒的人不再是穿著七分短褲的大叔，而是穿著有品味的訂製西裝或禮服的紳士淑女。葡萄酒也不再是由果農釀造，而是專業釀造家負責。

甲州葡萄酒的第二代，終於能打著日本葡萄酒的名號，拉開進軍世界的序幕。

再次回到旭洋酒的話題吧。

鈴木夫妻是山梨葡萄酒第二代之後的釀造家，他們從大學時期開始學習釀造學的相關知識，掌握正統葡萄酒的精髓。不過，他們的志向並非放在釀造出歐洲式正統葡萄酒，而是追求「運用摩登嶄新的釀造法，釀造出經典的甲州葡萄酒」，以過去的經驗為基礎，創造出全新的風格。

在第二代釀造家不斷努力之下，進入二〇〇〇年，甲州葡萄酒終於榮獲國際上的肯定。然而，他們並不是以葡萄酒專用的葡萄進行釀造、經由長期熟成酒體飽滿的葡萄酒，而是使用落地生根的甲州葡萄進行釀造，保留純樸味道的白葡萄酒。

他們沒有仿效頂尖的釀造專家，靈活運用了自己的根源，因此才能以獨特的風格獲得肯定。

以下是我的個人見解。

麻井宇介興起的日本國產葡萄酒革命，其意義並非在於釀造出像歐洲一樣的正統葡萄酒，而是重新進行設計，打造土生土長的在地葡萄酒。透過最先進的葡萄酒釀造技術，挖掘出甲州葡萄的各種潛力。就真正的意義而言，他開拓了「日式葡萄酒」的一切可能性。

接下來，旭洋酒將以「甲州葡萄酒第三代」的旗手身分，重新設計在地葡萄酒，繼續下一階段的新挑戰。

甲州葡萄讓釀造家努力的創意結果

我們一起貼近旭洋酒釀造葡萄酒的現場吧。

首先是原料——葡萄。主要產品白葡萄酒的原料是甲州葡萄，皆由附近一帶的果農提供。另一方面，釀造紅葡萄酒或限定酒款的原料——梅洛與黑皮諾（Pinot noir）等歐洲品種的專用葡萄，則由旭洋酒親自栽培。

葡萄供應會如此細分，原因也相當有趣。旭洋酒認為，葡萄酒的專用葡萄，若非由熟悉葡萄酒的人種植，無法釀造出品質一流的葡萄酒，因此必須由釀造家親自栽培。另一方面，果農所栽培的甲州葡萄，從過去以來一直都維持著優良的品質，因此非常適合用來釀造甲州葡萄酒。

這不僅是旭洋酒的方針而已，從技術層面思考，也相當值得玩味。葡萄酒的專用葡萄，能夠強力地凝結釀造紅葡萄酒中所需的糖分、酸味與澀味。即使現採葡萄立刻吃下，也未必分辨得出葡萄好壞情況（而且並不好吃）。為了判斷葡萄的品質，必須先設定好葡萄酒的品質才行。因此，一般的果農無法培育出葡萄酒專用的優良品質葡萄。況且，葡萄酒的專用葡萄原本就生長在乾燥的土地上，不耐溼氣，若種植在日本，容易受到潮溼的環境氣候影響，進而生病枯萎，導致葡萄品質更加惡化。

另外，由於甲州葡萄是食用葡萄，生長得好或壞，其實只要一吃就能立見高下。而且，甲州葡萄已經閒置一千三百年，就像野生品種一樣，對疾病有較強的抵抗力，也耐乾燥與溼氣，葉子到了秋天甚至還會變紅，非常適合作為觀光季節的景觀。如此一顆小小的葡萄，能夠發揮一魚多吃的潛力，可說是相當能幹。

但是，一旦拿甲州葡萄來釀造葡萄酒，這種「拿來做什麼都可以」的特性反倒成了一種阻礙。首先，它在標準的葡萄酒精度數（十二點五）中，糖分極為不足。接著，淡紫色的葡萄皮中澀味不夠，無法拿來釀造酒體飽滿的紅葡萄酒。甚至不適合長時間熟成（很難產生深厚的風味）。

也就是說，甲州葡萄在一開始的時候，就無法與專門用來釀造且不斷進化的歐洲葡萄較量，甲州葡萄充滿了許多「不足的特性」。

在此我想問大家一個問題。如果要發揮李維史陀說的「拼湊組合、隨創、修補術」精神，那該怎麼做才好呢？

答案當然得從「不足的特性＝限制」的地方去尋找。甲州葡萄酒的精髓，就是甲州葡萄這項原料剛好有「諸多缺點」。如果釀造家不好好下工夫修補這些缺點，就無法完成香醇美味的葡萄酒。換句話說，釀造家正好有許多機會可以好好發揮看家本領呢。

負責旭洋酒銷售與宣傳工作的順子女士表示，運用甲州葡萄釀造葡萄酒，他們所下的工夫有以下三項：

- 採收葡萄的時機
- 該如何彌補糖分不足？
- 要保留葡萄汁的清澄到什麼程度？

接下來我將逐一解說。

首先是葡萄的採收時機。與葡萄酒專用葡萄不同，甲州葡萄的採收期較長。比方說，同樣和甲州葡萄用來釀造白葡萄酒的莎當妮品種，九月上旬到中旬一成熟時，就必須迅速採收完畢。如果錯過採收時機，葡萄酒的品質將會劣化。

甲州葡萄的採收期在九月初到十月底，有兩個月的採收期間。這兩個月的不同時間點採收，將左右著葡萄酒的味道變化。九月初較早的時期採收，會釀造出充滿清新酸味香氣的葡萄酒；若是在十月底，較晚的時期採收，就會釀造出食用葡萄的飽滿、厚實而圓潤風味的葡萄酒。

要釀造出哪一種風味的葡萄酒，全靠釀造家的品味，沒有正確答案。

接著是彌補糖分不足的方法。義大利南方與西班牙的陽光非常強烈，每天接受日照的釀酒專用葡萄裡能持續累積糖分，成為酵母的養分來源。在釀造時若能確實發酵，就能夠釀造出酒精濃度百分之十二至十三的葡萄酒。

然而，比起南歐，梨山的氣候較溫和，甲州葡萄生長在溫和環境下，無法累積那麼多糖分。因此，為了釀造出標準的葡萄酒，釀造家必須補充不足的糖分（此步驟稱為補糖）。過去，果農都會倒入大量的糖，導致味道變得太膩。因此，釀造家必須計算出最少但剛好的量，只要稍微有一點偏差，就會影響葡萄酒的風味。

最後是葡萄汁的澄清過濾。在開始發酵之前，通常會去除皮渣，只保留壓榨好的清澈葡萄汁。一般的做法會把沉澱在底部的果渣丟掉，然而在釀造甲州葡萄酒時，必須再一次把沉澱物放回清澈的葡萄汁裡。如果只使用清澈葡萄汁，酵母的養分就會不足，釀造完成的葡萄酒將失去活力。因此，放入一定程度的沉澱物，就像補糖的技巧一樣，需要高超的平衡掌控能力。我看過旭洋酒的情況，他們以目測的方式測量並表示：「這些葡萄的話，大概需要這種程度的濁度吧……」接著透過幫浦將沉澱物放回釀造槽中，這種方式還真是傳統呢。

像這樣為了釀造甲州葡萄酒，釀造家必須補充甲州葡萄的特性與不足之處，同時運用多種技巧，最後完成讓葡萄酒愛好者豎起大拇指的風味。

甲州葡萄酒需要這種「彌補不足之處的工夫」，用其他角度去看，也可說它是一種忠實反映出釀造家個性的葡萄酒。

從葡萄酒專用葡萄的立場去看，缺點太多的甲州葡萄與釀造家，就像漫才中雙人搭檔的「裝傻」角色，而邊照顧甲州葡萄邊喊出「為什麼會這樣啦！」的釀造家，就像「吐槽」的角色一樣。裝傻與吐槽彼此挖掘出對方的優點，就會變成引人爆笑的漫才……不對，是成為風味絕佳的葡萄酒。

甲州葡萄並不是所謂的資優生。但正因為如此，釀造家才能以創意讓甲州葡萄大放異彩。透過人類與自然所組成的兩人三腳競賽，最後釀造出的甲州葡萄酒，正是拼湊組合、隨創、修補術的藝術傑作呢。

從缺點去打造個性

從落地生根的葡萄，成為果農釀造出濁酒般的葡萄酒，再到遵循世界標準的正統葡萄酒。這可說是在地葡萄酒透過創新，產生出的全新流程。若仔細觀察甲州葡萄酒的變遷，就會看到本質性的問題：「它在設計領域中的創新到底是什麼？」

在葡萄酒的市場上，山梨絕對是後來才加入的競爭者。同樣是後來加入的競爭者，山梨並不像澳洲或紐西蘭的氣候一樣，擁有適合培育葡萄酒專用的葡萄。按照一般思考邏輯，山梨的風土環境盡是不利的條件。以麻井宇介先生為代表的第二代釀造家，為了克服這項缺點持續努力。然而，以旭洋酒為代表的第三代釀

果農釀造濁酒般的葡萄酒！　世界標準的葡萄酒！　日本獨特風格的葡萄酒！

造家，卻把這項被視為致命的缺點昇華成「唯有自己才能創造出的獨特性」，開創了一條成功之路。

若有機會，希望大家能品嚐鈴木夫妻以甲州葡萄釀造的白葡萄酒。它沒有白蘇維翁較鋒利的酸味，也沒有莎當妮的厚實與多汁感覺。在沉穩的口感過後，會散發出一種兒時吃完水果點心、令人懷念的葡萄香氣，並在口中留下些許果皮的香醇與葡萄籽的味道。這種餘香令人感到沉穩以及清爽感覺，彷彿初夏徐徐涼風吹向甲府盆地一樣的滋味，絕非是那種喝起來帶著強烈風味的葡萄酒。

這種沉穩與清爽的風味，成為甲州葡萄酒的創新之處。

其創新之處，就在於甲州葡萄酒是一款「與日本和食完全對味的葡萄酒」。

山梨街上的壽司店擁有一項不可思議的文化——飲用甲州葡萄酒。不靠海的山梨縣卻開了一堆壽司店，這件事本身就非常不可思議了。然而，客人到這些店家用餐，不配啤酒或日本酒，而是喝起葡萄酒，這種情況更叫人匪夷所思。山梨的壽司店家取得新鮮的魚類相當不易，為了讓它美味可口，師傅努力地下工夫，調理時拌醋與鹽並塗上甜醬汁。如此大費周章的壽司，與以甲州葡萄釀造的葡萄酒竟然不可思議地對味。特別是旭洋酒第三代釀造出的葡萄酒，與壽司料理搭配，更是絕配中的絕配。不禁令人喃喃自語：「啊呀！原來葡萄酒的這種喝法也不錯呢！」

不僅壽司，甲州葡萄酒與串燒雞肉或燉煮內臟料理同樣非常對味。它沉穩的酸味與飽滿圓潤的風味，更能帶出日本和食的甘、鮮味。平常我在家的飲食習慣，雖然也是以日本和食為主，但不管搭配馬鈴薯燉肉、鹽烤秋刀魚或者涼拌菠菜，甲州葡萄酒都相當對味。它確實是一款與和食料理極為協調的葡萄酒呢。

甲州葡萄酒是一百五十年前開始根深蒂固的在地酒文化。它主要以居住在山梨的男女老少為對象，而且是以日常生活中飲用為前提下釀造的酒。大家平常在吃飯時，搭配的都是平常會喝的酒。這些家常料理，絕對不可能是法式或義式料理。甲州葡萄酒最獨特的地方，就在於它與我們習以為常、感到溫暖的和食料理極為契合，非常適合當作日本人餐桌上的「佐餐酒」。

經過追求正統葡萄酒之路而創新的新世代——甲州葡萄酒，充滿了猶如搭配「米其林三星法式料理餐廳端出的馬鈴薯燉肉」一樣富含趣味性。或許它比不上法國、義大利或美洲大陸這些充滿深沉圓潤、厚實飽滿酒體的在地葡萄酒。但是，在了解真正道地葡萄酒的品質之後，才能夠設計出適合我們自己的全新標準。

這種脫胎換骨的技巧，可說是日本飲食文化的特徵吧。例如，從中國傳來的麵條，在日本早已發展成獨樹一格的拉麵文化；印度傳來的咖哩，也調配出鮮甜口味，成為日本國民的家常料理；義大利傳來的義大利麵，在日本會撒上醃製過的鱈魚卵與海苔，則化為帶著「ZEN（禪意）」般的麵食文化。

今後，葡萄酒一定也會踏向相同的道路吧。相信在不久以後，許多美食通會特別從國外拜訪山梨的壽司店，享用壽司並搭配甲州葡萄酒，就像為了品嚐知名拉麵一樣。正因為甲州葡萄酒是後起之秀，所以才能釀造出「全新的標準」；也因為這些缺點，才能開創革新的局面。

我和旭洋酒的直營店櫃檯服務人員聊天，得知客層包括許多愛好葡萄酒的中高年人士，甚至還有許多大叔、阿姨身著傳統工作服就直接跑來了，另外也有不少像我這樣對美酒好奇的年輕人也會來選購。甲州葡萄酒在過去就以在地酒聞名，現在連葡萄酒收藏家都給予極高評價，真是一款帶著不可思議定位的葡萄酒。它雖然平易近人，卻有其堅持主張。擁有誕生在這塊土地上的自豪，同時拿捏好與世界標準正統葡萄酒之間的距離，充滿著謙遜的態度。

從缺點誕生特色；從不足之處絞盡腦汁想出創意；從邊境開創革新局面，這些突破都有背後的原因。歷經一百五十年的努力，甲州葡萄酒終於以「亞洲出類拔萃而自成一家的進化種」[45]躍上世界舞臺。

接下來，當這陣熱潮過了之後，是否要讓它結束？還是持續努力讓葡萄酒界萌生全新價值觀？人們要繼續困在歷史與風土的限制？還是改變觀念把缺點當作創新的起點？未來，全都掌握在我們這一代的手上。

美的普遍性能夠改寫

大家還記本章開頭「美存在著普遍性嗎？」的提問嗎？這不單只是藝術的問題，在嗜好品裡極具代表性的酒文化中，我同樣想提出相同的疑問。

「美味若擁有絕對的普遍性，那麼世界上是否存在著至高無上的酒？」

我們品嚐了各式各樣的美酒，聽到各地釀造家分享的美學。在這些過程之中，我們心中「絕對的普遍性」這個概念將產生動搖。好比勃艮第的葡萄酒搭配燉牛肉，以及甲州葡萄酒搭配壽司，我們能夠以同一把尺，去比較這兩種體驗嗎？

這一定是沒有辦法的吧！太太，「美」與「愛」是相同的。真正的愛，只會存在於當下的那一刻，只會發生在您與我之間，就像心中瞬間興起的一陣小小漣漪吧？而什麼是真的？什麼又是假的？別人無法決定，這是只屬於我們彼此之間的小、祕、密。——我不禁模仿起電視午間主婦劇場裡，男主角的大叔口吻。不過，追根究柢，酒之所以會有美味的感覺，也是透過「每一位品嚐者的個人品味」而產生。就像有人認為畢卡索的畫作很美，卻也有人認為如同孩子的塗鴉，完全取決於欣賞畫作的人心中如何看待。

「美」不是物理現象，而是在我們人類既有的品味之中，產生「一瞬間的小小漣漪」，甚至可以說是一種「虛擬實境」呢。就這層意義而言，達文西繪製人體圖的「黃金比例」，其實也只不過是某種「信仰」罷了。從本質去思考，法國與義大利創造出正統葡萄酒的神話——拉菲酒莊（Château Lafite Rothschild）或羅曼尼康帝酒莊（Domaine de La Romanée-Cont）的美味——或許只是反映出我們認知結構的一種虛擬實境而已。

倘若如此，對人類來說，美的定義一定經常「可以改寫」。人們公認的絕對標準，也會隨著時代轉變，遭到其他事物取代吧。美並非「既有」之物，應該是「設計」之物。

45. 近年來中國與印度的葡萄酒也開始受到矚目。亞洲的葡萄酒文化將會越來越興盛。

那麼在下一章節，我將以日本酒來深入挖掘這道「一瞬間小小漣漪」的機關。

日本酒的發酵原理

提到日本酒，大家的腦海會浮現什麼畫面呢？

「嗯……大叔喝著便宜的鋁箔包酒？」

「這……美酒評論家板著一副若有所思的臉，喝著昂貴的酒？」

「啊！近來不少年輕女性一邊興奮大叫，一邊喝著時尚的酒？」

提到日本酒的聯想畫面

A 好像是大叔在喝的
好喝

B 好像是評論家在喝的
哪一杯好？

C 好像是年輕女性在喝的
美味

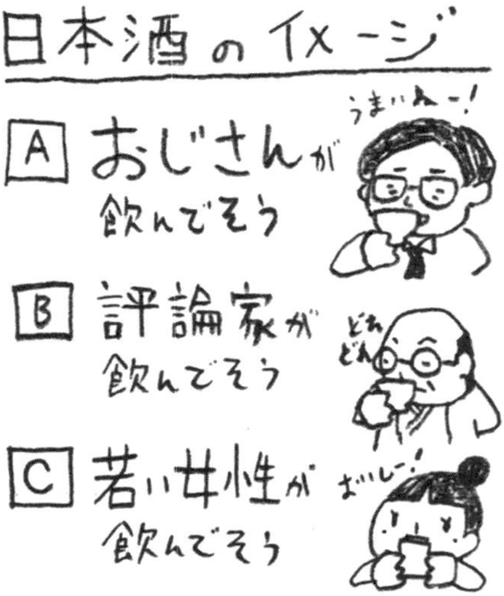
日本酒のイメージ
A おじさんが飲んでそう
うまいねー!
B 評論家が飲んでそう
どれどれ
C 若い女性が飲んでそう
おいしー!

是的，全部都對。過去，沒有一個時代能比得上二〇一〇年，大家對日本酒的價值觀越來越多元，包括上班族大叔、評論家、時髦女性，人人都愛日本酒。

不過，大家不可能都喝同一種日本酒吧。

隨著飲食文化與業界變遷，無論日本酒的設計或飲用者，都伴隨美感一起改變了。

我來大致介紹一下日本酒的釀造法。

日本酒不像葡萄酒，只靠酵母讓葡萄汁發酵，日本酒的發酵過程頗為複雜。不過只要掌握重點，即使門外漢也能輕鬆了解。接下來，我把COLUMN中曾經介紹「讓酵母菌吃掉糖分變成酒精飲料」的基本原理化為圖像，同時進行解說。

1. 收割日本酒用的稻作，並透過精米程序去除胚芽。
2. 將米蒸熟之後加入麴，讓米的澱粉質轉變為糖分。
3. 把麴與蒸熟的米泡在水中，製作酒母。
4. 酒母中，酵母會吃掉糖分轉變成酒精。
5. 在酒母中多次加入水與蒸米，使酒的量逐漸增加。
6. 整體發酵結束後，壓榨米粒的糊狀物（醪），只取其液體。

7. 將取出的液體加熱至少到攝氏六十度，停止酵素（發酵）作用。

8. 最後過濾液體，使其成為透明的酒（清酒），即可裝瓶、出貨。

這是最標準的程序。在江戶時代中期，兵庫有一個地區名為「灘」，完成了一套「釀造清酒」的方法。順帶一提，把發酵完成的酒母直接拿來飲用，這種飲料稱之為濁酒。在水裡加入麴與米，放置數日之後，野生酵母會逕行發酵成為濁酒。因此，日本酒到了最後，可說是「花費心力仔細過濾濁酒而成的清酒」呢。

在釀造日本酒時，有兩點值得特別提出來。

第一點是讓菌交棒接力進行發酵：由麴菌將澱粉糖化↓由酵母菌分解糖分產生酒精。透過複數菌種輪流接力發揮作用，奇蹟似地將普通的米變成了酒。這種方法只存在於東方亞洲圈，屬於一種非常稀有的「發酵黴酒」系統。

第二點是過程中必須加好幾次原料，才能夠持續進行發酵。倘若一次投入所有原料，酵母將無法順利地把它吃完，而殘餘吃不完的原料，就會在酒裡殘留異味；但若能像享用法式全餐一樣，讓餐點一道一道慢慢上桌，用餐者不就有機會把所有的菜吃完嗎？這兩者的道理相同。因此，為了讓酵母不疾不徐地盡情發酵，必須花一些工夫進行釀造工作。

日本酒的發酵程序
日本酒の発酵プロセス
各種菌參與才能完成
色んな菌が関わってできる
麹をつくる
製麴
水に麹と米を漬けて酒母にする
把麴與蒸米泡在水中變成酒母
麹菌
乳酸菌
酵母
麴菌 乳酸菌 酵母
加入原料
發酵！
水
米
原料を足して発酵!
濾過
過濾
搾る
壓榨
瓶詰め
裝瓶

麴菌的糖化與酵母的酒精生成雖然是「多種發酵程序」，但原料以階段性的方式添加，所以這些發酵是同時「並行的」。在介紹日本酒技術上的特色時，經常會談到這一點，釀酒業界中稱之為「並行複發酵」。不過，在男女聯誼的場合上，如果有人向大家介紹：「我們現在喝的日本酒可是並行複發酵呢。」保證百分之百會被嫌棄，讓人覺得：「這傢伙怎麼一回事啊！真讓人不舒服。」所以，在談論發酵話題時，請千萬注意場合。

比起取決於葡萄品質的葡萄酒，日本酒的釀造方式格外複雜。除了原料——米與水——的品質以外，包括製麴的技巧、菌種之間接力發酵的時機、原料的添加方法，甚至是加熱與過濾的方式，有數不清的因素左右著酒的品質。

換句話說，日本酒的品質全靠釀造家的判斷力與工夫本領。數量就像天上數不清的星星量，相同的原料能夠釀造出千變萬化的日本酒。從老派紳士到時下的時尚女性，日本酒之所以能符合每一個世代的價值觀，最大因素就在其特有、可自行編排調整的釀造程序。

擺脫冒牌貨而重新出發

在介紹原理之後，接著來看日本酒的設計變遷。

江戶時代建立標準的「清酒釀造法」，在第二次世界大戰的衝擊下面臨危機。稻米當時是寶貴的物資，更遑論拿來釀造清酒。因此，人們想到了一個方法，只要添加多一點加工精製糖與酒精，就能以少許原料釀造出大量的清酒。也就是想出「藉由化學精製物，讓酵母進行分解」的點子。結果，這項方法能釀造出整整多出原料三倍的清酒，因此出現了「三增酒」的名稱。因為當時人們苦於糧食不足，所以這項方法就成為了二戰過後釀造日本酒的標準。因此，戰爭過後的日本酒歷史，正是從「清酒冒牌貨」開始重新出發。

在主原料的米與水中添加糖與酒精，釀成日本酒之後，味道變得又甜又黏，喝下後有一股刺鼻感，口中也會殘留黏膩的味道。這種口感就像喝下「加了一堆糖的飲料」。目前，政府已修改法規，這種增加三倍酒母的極端釀造法就此消失。然而，超級市場依然賣著一千八百毫升鋁箔包裝的清酒，特價只要一千日圓，這種酒可說是三增酒的後裔吧。

這種酒看似不太好喝，然而在不同的情境下品嚐，卻會出現不同的味道。這個場所就是在新橋的高架橋下，高掛著紅燈籠的居酒屋吧檯前（一直拿相同的橋段來比喻真是抱歉）。此時，來上一壺溫熱的清酒（燗酒），邊喝邊配著柳葉魚或日式炸豆腐，豈不是一種美妙的人生？這類感覺不禁油然而生。我如此渺小而微不足道，就在這個瞬間，心中突然湧現一種感受——我活在自己的人生啊！彷彿與您並肩而坐，一陣感動就此浮上心頭。

接下來請注意，我剛才第一項提問的回答是：「大叔喝著便宜的鋁箔包酒。」這就是最典型的例子。二戰過後，支撐著經濟成長的每一位父親，最喜愛的就是這種酒。即便到了現在，它的產量依舊占所有日本酒的一半以上。人類在味覺上非常保守，這些父親在年輕時已熟悉這種酒的味道，所以即使到了大叔的年紀，依然迷戀著這種滋味。儘管它不是「高級的味道」，但他們仍覺得「熟悉的味道」品嚐起來更美味，這可說是大叔們的味覺特徵呢。

順帶一提，這種「大叔酒」冰鎮過後，喝起來的刺鼻感會更重，變得不太好喝。但是溫熱過後，會轉變為順口的甜味，口感上也更圓潤香醇。事實上，當我高級酒喝太多時，反而會跑到街上的居酒屋裡，悄悄品嚐「大叔酒」，好好地放鬆一下呢。

「淡麗辛口」美學的誕生

隨著高度經濟成長期的來臨，日本有錢人越來越多，於是大叔酒出現了競爭對手。比方說，從法國與義大利進口的正統葡萄酒與白蘭地、蘇格蘭進口的蘇格蘭威士忌、德國與比利時進口的道地啤酒。而且，日本進行澈底技術研究的國產洋酒製造商，同時推出各種產品陣容，一字排開地阻擋在大叔酒之前。就這樣，講不出任何大道理或場面話的大叔酒，只好屈服在一心超越技術與美感的洋酒文化之下，終於不再是大家「首選的酒」，也失去了嗜好品的地位。

在如此艱苦的情況下，一九七〇年代的後半期，日本酒產業掀起了一股革新。發生的地點，並不在兵庫的灘地區或京都的伏見這些「日本酒的首都」，而是偏鄉地區的釀酒老店。大家決心不再添加糖與酒精，期盼運用過去酒廠釀造的道地日本酒來一決高下。這些偏鄉地區的酒廠，揚起「回歸原點」的旗幟，展現出無比的自信。

其中，引領著這股在地酒風潮的就是新潟縣的酒廠。特別是八海山、久保田、越乃寒梅這些熟悉的品牌，經常出現在日本酒的酒館中，這些品牌大多由新潟地區日本酒的創新者所開發。當時這些日本酒的設計，目標和葡萄酒一樣，走向高級、道地、非日常的路線。與口感又甜又黏膩的大叔酒完全相反，創新者釀造出極為清新、不甜的「淡麗辛口（清爽順口）」口味，以全新的風貌呈現給大家。為了實現清爽順口的風味，創新者不僅回歸傳統，更是費盡功夫導入各種策略。

其中一項策略，就是「大膽磨去原料——米的外層」。藉由這道程序，去除米粒表面富含的蛋白質，同時保留澱粉，以利麴菌轉化為糖分，當作酵母的養分。少了蛋白質產生的異味，就能創造清新的風味。若米粒研磨達百分之五十以上，就能釀造出極為奢華的最高等級酒，這種酒稱做「大吟釀酒」。

接下來的策略是「阻擋乳酸菌的參與」。這是傳統的釀酒方法，我的解說會比較長，請大家一定要耐心看完。酒母進行發酵作用時，野生的乳酸菌也會參與發酵。發酵初期階段，乳酸菌會分泌酸，酒母的pH值會下降變成酸性，以阻擋雜菌的入侵（詳細說明請參照COLUMN 2）。由於環境形成酸性，製造酒精的酵母，就能在不受其他雜菌的干擾之下工作。可見乳酸菌是從旁協助酵母發酵的重要角色。

但是，假如乳酸菌發揮的作用未控制得宜，就會產生奇怪的酸味。於是，有人就想出了一個點子：「如果先培養乳酸菌來製造乳酸，精製之後再放入發酵環境中，不就能夠解決異味問題嗎？」所以在這個時代，許多高級吟釀酒都是添加乳酸的釀成，這種方式能使酒母迅速發酵，稱之為「速釀」。

最後的策略是「嚴格調教麴菌與酵母菌」。第一項程序是磨去米粒的外層，形同拿掉麴菌的養分。而且，釀造者故意在麴菌生長時換氣通風，讓米變得乾燥。由於麴菌失去了生長所需的水分，在不得已的情況下，為求生存只好拚命生根到米粒的中心深處。於是，麴菌就能將澱粉完全分解為糖分。這可說是人類為了自己的需求，干預了麴菌的正常生長。接下來，釀造者設定酵母能接受，最低環境溫度使其發酵。一般而言，釀酒的酵母在攝氏二十度以上，就能活潑地發揮作用，但釀造者卻故意把溫度降到十度以下。於是，酵母只能緩慢地發酵。最後，酒的異味完全消失，就能成功釀造出高雅的香氣。好比青少年漫畫中經常出現的情節：「小時候成長在嚴苛的環境，長大成人後，變成高強的英雄。」兩者有異曲同工之妙。麴菌與酵母菌經過嚴格調教後，就能釀造超級上等的好酒。

釀造家用盡各種方法消除異味，最後完成高雅清香的淡麗辛口高級酒。飲用之後猶如白雪融化般的口感，舌尖上的哈蜜瓜香氣擴散到口中，並且在喉嚨裡瞬間消失，留下高雅華麗的餘香，的確創造出了上等質感。倘若將大叔酒比喻成輕型小客車，淡麗辛口酒就彷彿保時捷一般充滿了奢華感。即使花上一整晚的時間，我也甘願讚揚其中的美好——值得引以為傲的日本傳統、工匠的精湛技巧、米與水的藝術……日本酒正是我國發酵技術登峰造極的精粹。大家應該都能認同吧？

接下來請注意，前面提問的第二項回答是「評論家喝的日本酒」，這就是最典型的例子。的確，淡麗辛口的吟釀酒拿來鑑賞用也非常棒。在不知不覺中，我就會想談論其中深奧的學問，以及釀造時所耗費的工夫、技術，還會想把酒瓶一字排開，細細品嚐比較呢。

淡麗辛口酒搭配高級烹調的當季新鮮蔬菜料理，美味可口的程度簡直令人屏息，它完美地顛覆了「廉價國民酒」的日本酒形象。這實在是一項偉大的革新啊。

但是……我想趁機訴苦一下，面向冬天日本海的巨浪大喊：

「這種酒，誰有辦法每天喝啦！」

仔細想想，平常吃這種高級烹調料理的人，都是大企業的高層或政府高官，只有一小撮的精英分子才有辦法天天吃吧？像我這種經常在家吃炒烏龍麵或湯豆腐，就會樂到手舞足蹈的人，只不過是一介平民百姓吧？我不禁嚴重懷疑人生，想要過著那種高檔或高雅品味的生活型態，可能還沒摸到邊，就已經上西天了吧？或許愛走這種高級路線的大叔會斥責我，但我還是必須說，喝了這種清爽順口的淡麗辛口吟釀酒，真的會有一種「噢……好有時代感啊」的奇特感覺。

就像現在去看很久以前流行的偶像劇一樣，女演員穿著「有厚厚墊肩的DC名牌夾克」，或者帥哥男演員拿著「高檔名牌的手拿包」，有種與現今格格不入的感覺啊，千禧世代！

休閒時尚的日本酒

因此，淡麗辛口高級酒的延續，當然就是「能在日常生活中飲用，而且一定也是高品質的日本酒」。市場上的呼聲越來越高，大家都希望能享受休閒時尚的日本酒。

儘管穿上山本耀司的黑色套裝看起來不會嚴肅，但是瑪格麗特．豪威爾（Margaret Howell）的高品質白襯衫，無論平日或出席宴會穿著，更能顯現卓越的品味。因此，當前日本酒的趨勢，基本上需要簡約與質感，但也要適度地讓人感到華麗以及品味。

就我個人的見解而言，能夠創造這股趨勢，山形縣的釀酒廠實在功不可沒。這些釀酒廠以日本酒——十四代、擅長說服（くどき上手）——掀起了這股風潮，僅靠水與米釀造的純米酒，帶給大家酒體的香醇、高雅的暢快感，以及平衡得恰到好處的鮮味與圓潤飽滿的風味。無論是正式或休閒場合都無法抗拒這樣的酒，就像約會時決定成敗的衣服，以T恤、牛仔褲搭配西裝外套，儘管輕鬆休閒，卻呈現出「時尚高段班」的強烈感覺。這真是一種讓人大為光火的瀟脫啊。

日本酒與葡萄酒同樣是「佐餐酒」。也就是說，在用餐時搭配著喝，就能顯出它的真正價值。前面提到的淡麗辛口高級吟釀酒，訴求是「搭配餐點時必須追求高級感」，就這層意義而言，它是一款門檻太高的高貴日本酒。高級的日本和食極力追求淡雅味，品嚐食材的真正滋味，因此才會搭配清爽順口的淡麗辛口酒，其目的正是追求「極致的淡味」。這種情境，就像漫畫《美味大挑戰》故事中的美食專家海原雄山，總是要求至高無上的美食境界一樣吧。

不過，現在的休閒時尚日本酒，適用於各種場合之中。例如，它與家庭燉煮料理、鹽烤魚或火鍋料理非常對味。當然，搭配生魚片或炙烤半熟雞肉也風味絕佳。要不然與涮涮鍋一起享用也相當美味。甚至搭配不同的料理也非常棒，比如中華料理或泰式料理。我親自嘗試之後也感到相當驚訝，因此認真思考其中理由：

·酒中帶有甜味與鮮味。

·儘管酒香迷人，卻不致於搶走料理的風采。

·口感輕柔，飲用過後感覺非常清爽。

我想到的就是以上三大特徵（當然不同品牌的酒，會有不同的特色）。

淡麗辛口酒牽引著在地酒的風潮。相較於高級、正統派的淡麗辛口高級吟釀酒，休閒時尚日本酒卻也能在雜味上巧妙地帶出甜味與鮮味。因此，它能以佐餐酒取得平衡的味道，同時保留正統派的高雅香醇，以及清爽順口的口感。換句話說，休閒時尚日本酒同時兼具新舊世代的兩種優點。釀造者運用了最新技術以及釀造家的工匠素養，才能實現難以平衡的「充滿圓潤飽滿的高雅風味」。

休閒時尚日本酒從製麴的技術、管理酵母的狀態，以及發酵過程的控管，所有程序都掌握得恰到好處。而且，釀造者除了素質優秀，竟然還是一群年輕時尚的帥哥。他們使用新穎的機器設備時，動作敏捷俐落，這種特質與傳統是一致的。我想，困難的知識學問就姑且放在一旁，先好好地享受釀造時的美感，以及令人陶醉的氛圍。接著，以美酒搭配佳餚，沉浸在愉悅的情境裡吧。

接下來請注意，若提到日常飲食搭配休閒時尚日本酒，就一定不能不提對此極為敏銳的女性。前面提問的第三項回答是「年輕女性興奮地喝著酒」，這就是最典型的例子呢。我最近舉辦試飲活動，與大家一起喝著受歡迎的休閒時尚日本酒，參加者之中，有七成左右都是品味極佳的妙齡女子。

然而這又是為什麼呢？首先，她們體會到了這些日本酒的美感。接著，再以隨興的方式享受活動，開心地感受美與自由，簡直是太棒了。相反地，若是一間美味可口且廣受好評的拉麵店，但是老闆非常固執，規定顧客「禁止與旁人交談」，大概只有極度自制的大叔才會去吧？

大叔酒→淡麗辛口高級酒→休閒時尚日本酒。這樣的變遷可說是「日本酒進化」的過程。除了提高日本酒的品質，同時輕鬆搭配餐桌上的餐點，並且確保快樂、自由地享用。人們相繼實現了更深的文化層次與多樣化，日本酒的入口門檻也變得更低了。我們繼承了上一個世代的成就，努力克服無法完成的困難課題；讓年輕世代與國外的愛好者不斷增加，相信日本酒正朝向光明的未來持續前進。

日本酒的起源復活了

日本酒確實在進化當中。然而，它是一種「直線進化」嗎？今日的進步，超越了昨日。接下來，一切將會被明天超越。人們經常認為「最新的才是最好」，這樣的歷史觀是正確的嗎？身為文化人類學的門徒，我對此抱持疑問：「只有否定過去，遵循流行趨勢才能存活下來。」

當然也有人提出與進步史觀完全相反的主張：「必須堅守傳統，持續發揚光大。」這類像環保團體的擇善固執也不太有意思。我在想，到底有沒有第三條路可以選擇呢？其實有，那就是從不同角度切入的「野生之酒」。

在成田機場附近的千葉縣神崎町，有一間從江戶時代創業至今，目前由第二十四代經營的小型釀酒廠——寺田本家。閱讀到此，若是發酵愛好者一定會非常清楚，它是「釀造自然酒」中的佼佼者。同時，喜好正統派日本酒的人，即使不曾接觸，也應該耳聞過這種非常獨特的酒。

直接從結論談起吧。我喜歡寺田本家釀造的酒（當然我也喜歡大叔酒、淡麗辛口高級酒、休閒時尚日本酒）。這種自然酒有著大而化之的味道，以及鎖住麴菌造就的風味，它顛覆過去日本酒的觀念，充滿了趣味性。以繪畫來打比方，就像亨利・盧梭（Henri Rousseau）與尚・米樹・巴斯奇亞（Jean-Michel Basquiat）的兩種風格——前者原始純樸，後者大膽前衛——同時並存，既歡愉又暢快的滋味一樣。

江戶時代兵庫的灘地區建立了釀酒標準，然而寺田本家釀酒的特色可回溯到更早之前，他們採用了更原始的釀造法。彷彿現代的迴響（Dub）音樂人，直接跳過雷鬼音樂，嘗試斯卡或慢拍搖滾不同音樂類型一樣（真抱歉，我舉了一個只有懂音樂的人才能了解的例子）。其特色為：

・不磨米粒外層。必要時會使用糙米（玄米）。
・使用野生菌種
・對雜味或酸味極為寬容

接著依照順序介紹這三項。

首先是米。寺田本家的主要品牌幾乎不研磨米粒，與淡麗辛口酒採用完全相反的方法。未經研磨的米粒，外層保留了蛋白質，在麴菌的酵素分解下，會產生含有鮮味成分的胺基酸。隨著發酵進行，它會轉變成雜味，酒的顏色也會混濁，因此產生厚重的口感。不過，寺田本家覺得這樣也是很好的，甚至還會以保留米糠的糙米來釀酒。這種酒是極為古老的釀酒方法，記載八世紀的奈良時代到十六世紀日本中世時期的室町時代都有，從糙米到製麴，相當費工而且困難。

接下來是發酵菌。在現代的釀酒過程中，所使用的發酵主角，麴菌與酵母菌都是從外面買來的，這些菌種是由業界制訂的標準規格。接著，再以前述的方式，縮短乳酸菌的作用時間（採速釀方式）。不過，寺田本家的釀造法，是直接從當地田圃取得野生麴菌，並利用棲息在酒廠中的野生酵母菌來釀酒。當然，他們也歡迎培

重新解釋酒的起源

養酒母之後自然產生的乳酸菌。相較於業界的標準釀造法，這種方法充分地發揮了野生菌的力量。

最後來談味道。寺田本家在過程中釀造出米的鮮味，甚至會使用威猛的發酵菌，其中可能還摻雜了一些雜菌，因此酒的味道相當複雜，帶給人一種完全不拘小節的印象，明明有一些刺激，卻仍然有一種溫暖的感覺。與一般呈現直線進化的日本酒，清澈之酒完全相反，寺田家復興了日本中世的「混濁之酒」。

「混濁之酒」有趣的地方，就在於擁有清澈之酒捨棄的「麴的鮮味」與「酸味」。在日本酒的直線進化過程中，人們把麴的鮮味當作雜味、酸味當作雜菌的汙染，將這兩種味道排除在外。

但是，混濁酒中的鮮味與酸味，不知為何與新的日本生活型態十分相襯。如同一間當紅的時尚咖啡館，播放著被大家遺忘的音樂，產生了非常協調的感覺。目前，在日本酒的業界，也興起了這一種巧妙的釀造技術。有不少年輕的釀造家紛紛感受其中魅力，開始透過野生的菌種，並藉由糙米的力量，進行「釀造自然酒」的挑戰。借助野生菌這種難以控管的自然力量去釀酒，儘管有失敗的風險，但優點是能釀造出與其他酒廠截然不同且極具特色的酒。相當有趣的是，釀造技術與微生物學的進步，同樣具有促進「復興原始自然酒」的效果。透過現代的技術，再次建構出過去事物的起源，就好比現今嘗試原始風格的音樂人一樣呢。

接觸藝術的喜悅

越是深入了解，就越能體會釀酒的世界是藝術。

酒原本屬於嗜好品，就更深一層的意義而言，是「人類感性」與「自然特性」的一種相互激盪，讓人聯想到藝術裡美的形成原理。

十九世紀起到二十世紀前半期，就從「印象派」的誕生拉開序幕，繪畫的世界發生了劇烈的變革。在這之前，西洋繪畫的標準一直追求照片般的真實感。相較於「形式上的真實」，印象派追求的是「感覺上的真實」，其中代表的人物有莫內、梵谷，以及皮耶·奧古斯特·雷諾瓦等藝術家。

請大家試著欣左頁賞雷諾瓦的名畫《煎餅磨坊的舞會》。

人們在露天廣場上享受著跳舞、談天說地的派對時光，太陽的光影灑落在葉子與眾人身上。倘若仔細觀察這幅畫，就彷彿走進初夏的樹蔭，沐浴在搖曳的陽光之中，感受徐徐吹來的微風，產生置身其中的真實感。這並非截取某個瞬間的靜止畫，而是讓觀者產生光

影與風的動態視覺體驗，同時重現自己與自然環境的交流互動。以目前流行的語言形容，可說形同一幅「虛擬實境」般的繪畫啊。

比較印象派的繪畫與過去學院派的作品，前者降低了視覺上的真實還原度，而且筆觸粗獷，半放棄了文藝復興時期後以焦點透視法所展現出的立體感繪畫技巧。換句話說，表象接收的資訊密度變得較鬆散，看起來有一點像業餘人士的作品。

然而，「資訊不足」這一點，卻會誘發人類自動產生認知上的修正功能。當我們接收這些非真實的資訊後，大腦會存取為自己的印象，並且在腦中重新加工而產生認知。由於大腦「重新加工」這一道程序，我們的身心才會產生如臨虛擬實境般的真實感受。畫家所捕捉到的自然樣貌，會在觀者的腦中重新建構。於是，雷諾瓦捕捉到樹下搖曳的光影，在我腦海中就轉換成過去在代代木公園捕捉到的類似情景。也就是說，雷諾瓦認知的自然，與我認知的自然產生了相互作用；我運用了我的認知，把雷諾瓦認知的印象與感覺，在腦中進行逆向工程（Reverse engineering）[46]。

相片技術誕生之後，「呈現客觀的視覺」就成為攝影師的領域，然而畫家的職責是呈現「主觀的認知」。換句話說，就是「拋棄普遍性」的意思。畫家並不是傳達萬人認知的真實，而是挑戰「感性的交流互動」，把自身處於「那個時刻、那個場域」所感受到獨一無二、僅此一次的身心感覺，傳達給曾經有類似經驗的他者，喚醒其獨一無二、僅此一次的身心感覺。在這一刻，觀者將受到啟發，欣賞藝術就會從追求「靜態般的真理」，轉往「動態般的感性」。

「這……似乎是很難懂的哲理，我聽得一頭霧水，怎麼辦？」

的確不容易理解。總而言之，我們欣賞雷諾瓦的繪畫，就能夠一窺堂奧——雷諾瓦如何認知自然——這種「他人的品味」。欣賞的同時，我們會努力拉近他人的品味與自己的品味的差距，這正是「接觸藝術的喜悅」呢。

也就是說，我們跨越了時代與文化，與另一個人產生連結。試著理解以不同方式觀看世界的人，並找出屬於自己的「自然」。在這一個瞬間，自己的存在將受到肯定，同時與外在的世界產生連結。

身處十九世紀巴黎的雷諾瓦，畫出自己徜徉於陽光灑落在樹下的光影，而這道光影，同時也是我和好友們一起在代代木公園的印象。就在這一刻，我穿越了時空，與雷諾瓦相處在一起，感受緩緩吹來的清風，兩個人品嚐著風味絕佳的上等葡萄酒。

就像愛上繪畫般地愛著酒

對我來說，享用美酒與欣賞繪畫時，愉悅的程度相同。

46.

資訊科技用語。透過拆解機械或解析軟體程式，分析並釐清該產品的構造與完成的關鍵，作為新產品的開發、製作方法以及運作原理的參考。

儘管欣賞繪畫主要著重在視覺上，享用美酒則著重在味覺與嗅覺上，但是在「感性的交流互動」上卻擁有共同意義。

當我們飲用上等葡萄酒或日本酒時，就等於與釀造家進行一場對話——釀造家如何觀察土壤與水質；透過什麼方式感受溫度與風向；如何認真地面對微生物；以什麼品味釀造設計味道與香氣。我們一邊細細品嚐好酒，一邊在腦中進行逆向工程，解析「釀造家掌握發酵世界的方式」。最後，我們領悟其中的設計祕密——沉穩口感來自柔軟清澈的水源；高雅迷人的香氣源自酵母的生命活力；甚至明白水源的風土條件，以及釀造家如何觀察酵母生命活力的目光。

實際上，眼前雖然無人出現，我卻能感受釀造家就在身邊。坐在都會之中的酒館吧檯前，我卻能看見湧出清流的森林，或是出現在地勢稍高、微風徐徐吹來的葡萄園中。釀造家與我並肩坐在吧檯旁，乾一杯的同時，我們一邊散步，一邊感受著土壤與水源。

酒的味道與香氣創造出虛擬實境。我借助味覺與嗅覺，穿越時空展開一場旅程。彷彿跟隨著釀造家，體驗他接收大自然中的細膩之處，而我捕捉大自然的感性也更上一層樓。

最後，我所掌握的世界也將隨之改變。

我來整理一下以上的過程：

・創造者（藝術家、釀造家）透過藝術與釀造，讓作品呈現自己的自然經驗。

↓

・接收者（鑑賞者、品嚐者）享受這些成果，體驗創作者所認知的自然經驗。

↓

・接收者將這些經驗融入自己的認知中，讓自己更上一層樓。

沿著上述一連串的過程，除了豐富我們掌握世界的品味，對於與自己生活在不同世界的人，我們也能培養出感受他人的能力，藉此與他人產生共鳴。重點不在於我們對知識能夠「清楚到什麼程度」，而是著重於過程中的豐富體驗，以及如何加深我們對藝術與釀造的喜愛。

以不同的角度來看，如果「這杯酒看不到釀造家的臉」或「這幅畫看不見藝術家的特色」，無論創作技巧再優異，作品依然令人感到枯燥乏味。品嚐者只會發表「嗯……不難喝，就這樣」的感想。仔細回想，許多人去美術館，也有很多類似經驗吧。例如：「這些作品實在超逼真的，但是沒有感動到我。」這一種體驗沒有產生任何對話，只不過是單方面自說自話而已，因此才會感到無聊，就好像校長在臺上一直講相同的話、政治人物按稿發表演說一樣。倘若情況不是如此，而是「那個人把自己的實際感受化為語言」，就能直接把「真實的自己」傳達給對方。如此一來就能激起我們的感性，跨越與他者之間的屏障，產生讓彼此對話的原動力。

正在閱讀本書的您，我正在與您對話呢。

釀造家與品嚐者的幸福三角關係

日本酒的銷售量在一九九六年為一千萬公秉，到達顛峰。然而今年二〇一七年，已緩緩地下滑到八百萬公秉。不過，仔細觀察其中的變化，就能看出日本酒的進化成長，銷售量大幅下降的是添加糖與酒精而大量生產的酒（我稱之為普通酒）。相反地，釀酒廠扎扎實實下工夫，原料使用真材實料釀造出的酒（我稱之為特定名稱酒），消費量從幾年前早已開始增加了。我舉辦品酒活動，聚集了一群高品味的年輕男孩與女孩，這種活動在時尚的日本酒吧也非常流行。也就是說，日本酒已開始成為一項藝術，從過往為了買醉而飲，逐漸轉變成愛不釋手、細細品味的品酒文化。

沒錯，這真的太好了。我為此感到喜悅。

形成這一項文化，製造商與消費者的幸福關係絕對不可或缺。不管製造商再如何釀造出好酒，如果沒有愛好、給予好評的消費者，文化自然就不會形成。彼此若沒有良好的關係，好酒就無法以合理價格賣出而慘遭殺價。如此一來，製造商就會失去釀造好酒的動力，認為「反正消費者根本喝不出好酒的味道」，甚至產生放棄的心態。同時，消費者也會抱怨，「這些廠商生產一些不怎麼樣的酒，還想賣得那麼貴」。

一旦質疑消費者與製造商的關係，最後只會淪為價格大戰。製造商與消費者應該是彼此啟發、攜手共同打造文化的「夥伴」才對。

包括日本酒在內，如果觀察目前國產葡萄酒與精釀啤酒的盛況，就會明白在創造文化之前，我們必須重視營造「幸福的三角關係」。為使釀造家與飲用者彼此幸福快樂，消費者與製造商的「平行關係」上方，應放置另一個點，形成一個三角形。

那麼，這個「點」到底是什麼呢？簡單來說，這個角色就形同時尚圈的「讀者模特兒（部落客、網紅）」一樣。除了清楚製造商的大小事以外，也能以消費者的代表身分，提案並創造「品味好酒」的文化。如果不去培育「讀者模特兒」，製造商與消費者的敵對關係只會持續惡化。然而，一旦設置「讀者模特兒」的角色，這個點就會形成三角形，化解無謂的衝突關係，開始產生良性的交流循環。

在此，我想請大家回想第四章「贈予之環」的內容。為了創造和平的循環，相較於A與B雙方的交換，採取A↓B↓C這種複數之間的交換方式，一定更具效果。同樣地，若能創造——製造商↓讀者模特兒↓消費者——三方之間的溝通交流，一定會形成互相尊重的幸福關係。製造商提供擅長玩樂的讀者模特兒有趣的產品；讀者模特兒構思樂在其中的新方法，提供給所有消費者；接著，消費者開始轉換心態，從單純的「消費」變成「讚賞」。這種讚賞會激勵製造商，創造出更多優良的產品，並展現積極向前的幹勁。隨著讀者模特兒的增加，就會從三角形、四角形……不斷增加變成多邊形，或許有一天會形成一個「環」也說不定呢。

這就是我想表達的重點。

事實上，不僅製造商，消費者也是藝術家。

品嚐者充分了解釀造家的美感，以自己的方式喜愛釀造家的酒，這種「喜愛酒的方式」也是藝術作品。就像繪畫是畫家與鑑賞者互動的藝術一般，酒也是釀造家與品嚐者之間的互動藝術。

您發現到了嗎?所謂藝術的本質，並不在於表現，而是人與表現之間的關係。藝術中

只有直線就不會產生循環

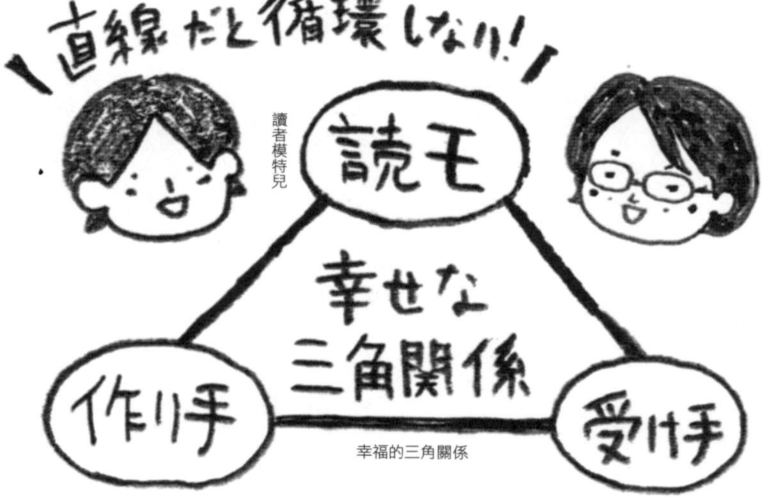

讀者模特兒

幸福的三角關係

製造商

消費者

「和諧的共榮圈必須靠每一分子組成」，就是每一個人運用自己的方法，變成藝術家來創造文化。倘若「消費者」不甚了解、卻照單全收製造商的訊息（廣告），那麼「以藝術家身分的品嚐者＝讀者模特兒」就能發揮功能，以自己的方式翻譯釀造家的訊息，在製造商與消費者中，創造出全新的溝通交流關係。

在日本酒、國產葡萄酒與精釀啤酒的世界裡，陸續誕生了新世代的「讀者模特兒」——時尚小姐／先生，以自身的感性思維解釋酒的價值，以巧妙的方式向親友推薦：「這瓶酒很好喝喔。我們一起來喝一杯吧。」以鑑賞當代藝術與音樂的相同眼光，透過享受飲食的品味，設計創造出「幸福的三角關係」與「文化中的贈予之環」。

在曖昧中沒有正確答案的樂趣

我在本章開頭提出一個問題：「普遍的美難道不存在於藝術之中嗎？」我之所以如此思考，原因在於「人類的認知其實非常曖昧」。

印象派顛覆了學院派著重寫實主義的畫風，後來甚至發展到畢卡索開創的現代藝術。在每一次的轉變中，「美的標準」都會受到挑戰，產生新的價值觀。同樣地，休閒時尚日本酒打破了淡麗辛口高級酒的侷限；原始自然酒的復興，就像是對日本酒的直線進化提出異議。這些酒配合歷史的脈絡、飲用者的生活型態，誕生出全新標準的美，甚至過去的美也以嶄新風貌再次回歸。因此，沒有什麼正確解答適用於任何一個時代，有的只是在特定脈絡中的趨勢與評價，以及因個人品味而出現的不同喜好。

普遍性不存在，有的只是「在那個瞬間、那個場域」，自身感受到「一瞬間的小小漣漪」。然而，這種「一瞬間的小小漣漪」又是從哪裡產生的呢？

答案是「大腦」。人類的大腦會充分運用如虛擬實境般的認知系統。為何人類會覺得酒好喝？而且能嗅得出其中細微的風味差異呢？至今還沒有任何一個解答能夠說服眾人。只不過，我們已得知人類受到影響，是由於有許多完全不同的認知系統，彼此之間產生的相互作用。

人類的味覺由許多不同層次組成。在此引用味覺研究學者伏木亨博士所做的分類，整理如下：

・生理的欲望（口渴、肚子餓）。
・對快樂物質上癮（想吃重口味的拉麵）。
・文化上的習慣（媽媽煮的菜最棒）。
・對資訊產生信任（米其林三星餐廳絕對美味可口）。

一共是這四項。動物的認知是前面兩項，後面兩項則屬於虛擬的層次。

儘管酒的味道是由這四項交錯形成，實際上卻與第一項「生理的欲望」不太有關聯。過去，人們有「飲用葡萄酒來滋潤喉嚨」的習慣，因此把它當作飲料一樣重視。不過，隨著葡萄酒的酒精濃度增加，加上現在釀造技術的純熟精煉，酒已經變成品嚐「夢幻味覺」的嗜好品了。

其中的關鍵，就在於酵母製造的乙醇具有奇妙的性質。就本質而言，乙醇對生物來說是一種「毒」（用來殺菌的酒精正是利用這項原理）。乙醇本身沒有任何營養可言，甚至還會麻痺神經系統，造成身體各項機能停滯。本來人類可以控制「生理欲望」，把酒精排除在外；然而棘手的是，人類飲酒過後，會「對快樂物質上癮」，抗拒不了這種強大的吸引力。目前我們也得知，高度進化的猴子以及老鼠這類哺乳動物，也和人類一樣會對酒精上癮。在動物的認知裡，酒精是「毒」與「快樂」同時存在的奇特物質。

雖然乙醇本身一點也不好喝，卻可以吸收難溶於一般水質中的香味成分。這種性質讓酒產生獨特的複雜香味與口感。而且乙醇還具有活化甜味與苦味的功能，能夠局部強化人類的味覺。酒精甚至也能在感到痛或熱的器官上發揮作用，刺激味覺以外的感官，使味道的層次變得更豐富。

換句話說，飲酒過後，就能「開啟味覺的品味」。如此一來，飲酒會使人更開心，容易提高對酒的成癮性（但飲酒過量反而會痺麻味覺）。

另外，酒與地區以及文化特性上具有強烈的關係，甚至也和個人經驗中的「習慣」密不可分。好比昭和時期的典型大叔，喜愛一邊大啖燉煮料理或日式炸豆腐，一邊喝著「大叔酒」。這裡根本就容不下淡麗辛口高級酒搭配高檔料理的組合。

而且，酒是最具代表性的嗜好品，伴隨而來的資訊量實在太多。比方說，大家會口耳相傳：哎啊！那裡的風土條件如何、這一年收成的葡萄最棒、有位天才釀造家只釀一百瓶酒、這瓶酒來自於兩百年的老店……等。許多人都以為這些資訊與味覺毫無任何關聯，但其實關係相當大。一旦接收更多資訊，人類的味覺就會產生變異。如果一個人認定「真的很好喝」，就會感覺這瓶酒美味可口。假如有一位侍酒師告訴大家：「這可是超高等級的葡萄酒。」即使是一瓶一千日圓的葡萄酒，也會瞬間變成有年分的絕世美酒。

原因在於最後處理味覺的是大腦，其運作必須仰賴資訊。大腦會接收從舌頭傳來的味道與香氣；經由耳朵接收侍酒師的語言；透過雙眼接收酒瓶標籤的圖像，這些全都會在大腦中組合成為「資訊」。最後經由大腦設計，產生「這瓶葡萄酒很好喝」的味覺。在品味葡萄酒的教科書中，有一種工具稱為「香氣輪盤（Aroma Wheel）」，上面網羅各種表現葡萄酒風味的詞彙。例如：「猶如香草般的香味」、「乾稻草一樣的香氣」等。比起只靠鼻子和舌頭，若在大腦中加入語言來幫助我們認知氣味，更能提高品嚐味道的精細度。透過儀器畫面上的同步檢測訊息，幫助我們了解與控制自己的生理反應，這種方法稱為生物回饋（Biofeedback）[47]。這證明人類能以五感進行物理上的「感覺」，以及憑藉意識發揮「想像力」與自己的大腦連結。

這豈不是一種虛擬層次嗎？酒並不存在著特定的、普遍的味覺。與其說味覺是物理的現象，倒不如說它是人類大腦認知系統所營造出的幻象、虛擬實境。請大家觀察畢卡索的名畫《哭泣的女人》。這一幅畫裡，同時出現了女人側面與正面的臉孔。就物理的角度而言，「側面與正面同時置於一個角度」不可能發生。然而人類的大腦卻可以把「從側面看到的畫」與「從正面看到的畫」統合為一個畫面。請大家把「從側面看到的畫」置換成

47. 生物回饋主要是運用在醫學領域的專業術語。能透過儀器同步觀察自己的血壓、心跳數，而以意識去控制、調節自己的生理現象。

知識
品牌故事

好喝！

習慣
家鄉的味道

舌・鼻
感覺的刺激

味覺

飢餓・口渴
生理需求

「生理上的味覺」、「從正面看到的畫」置換成「資訊上的味覺」。大腦會把「生理上的味覺」與「資訊上的味覺」統合成一種味覺想像。因此，我們品嚐名酒，就如同鑑賞畢卡索的繪畫一樣。

一般而言，大多數生物的認知與行為模式，都受限於DNA中所包含的遺傳資訊。需要什麼或不需要什麼，全部可透過基因密碼來判斷。然而，人類卻擁有與一般生物不同的特性——「能透過虛擬的資訊學習，改變既定認知與行為模式」（為何如此？至今仍是個未解之謎）。

人類征服了本來應該屬於毒的乙醇，把這項毫無營養成分的物質變成一項「遊樂」，並將這項遊樂當作儀式嵌入社會制度之中。人類並沒有改變遺傳資訊，卻能夠改變自己的認知與行為模式。我們可以把這種認知的變化稱為「趨勢」，並將伴隨趨勢的行為變化稱為「遊樂」。

人類創造出對一般生物來說無意義的遊樂，藉由遊樂使交流溝通循環不息。如同人類在紐幾內亞島東部群島的庫拉、羅浮宮美術館中的藝術鑑賞、品味好酒。這是人類之所以為人類、我之所以為我的原因，同時，也是我與您一起生存在這個世界上的原因。

發酵，就是人類為了前往看不見的自然世界旅行，而開啟的一道「祕密之門」。

人類為了延續生命，完成身為人類的職責，將持續地進行「永無止盡的遊樂」。
總之，派對還是要繼續舉辦。
現在與未來都要一直辦下去。

COLUMN 6

什麼是釀造？

常聽到「釀造酒」這個詞彙，但大家有想過到底「釀造」與「發酵」有什麼不同呢？實際上它有著明確的定義，只是多數人不知道而已。

接下來，我將簡單解說學校沒有教的「什麼是釀造」。

釀造＝運用黴菌的發酵

「釀造」這個詞彙的基本定義是，**運用麴菌等黴菌進行發酵。**

人們「將日本特有的黴菌進行發酵」稱之為「釀造」，這就是釀造的起源。過去，人們使日本酒、味噌、醬油等產生發酵，全都稱之為「釀造」。不過，日本現代不太使用「釀造味噌」這種說法。這是因為在近代以後，受到世界各地的發酵食品影響，「釀造」的語義出現了轉變——**主要指含有酒精飲料的發酵液體。**

近代的「釀造」定義之中，出現了「葡萄酒釀造」、「啤酒釀造」等稱呼方式。

為何使用酒這個漢字，我們去看「釀」這個漢字的語源就能明白。釀的左邊是「酉」部，形似古時釀酒用的甕；右邊是「襄」，意指將物品淨化過後，塞滿在容器之中。也就是將潔淨過後的原料，放入甕中釀酒。

在日語的脈絡下，由於麴菌發酵是釀酒的起源，因此「以麴釀造酒」就成為了「釀造」這個字的語源；在中文的脈絡下，「釀酒」則為釀造的語源。

釀造翻譯成英文會是什麼？

事實上，並沒有一個英語詞彙（主要指歐洲語系的語言）等同「釀造」。一般會使用發酵——Fermentation，或是搭配釀造對

啤酒釀造＝ Brewing
葡萄酒釀造＝ Vinification
酒的蒸餾＝ Distillation

象來當成譯文。

在英語中，基本上也找不到相同概念能對應日本的「以麴發酵」這個詞彙，這是因為西方國家並沒有運用麴菌發酵的文化。

接著看與中國式語源「發酵釀酒」相關的英語詞彙，針對使用對象不同區分為：釀啤酒的Brewing；釀葡萄酒的Vinification；釀威士忌、白蘭地、琴酒等蒸餾酒的酒母會用Brewing。後續蒸餾步驟則用Distillation。專指葡萄酒的釀酒系統會使用Enology（葡萄酒釀造學）；泛指所有酒類的釀酒系統則用Zymurgy（釀造學），這些詞彙屬於較專業的用語。如果深入了解這些詞彙的意義，就會明白西方人如何費盡心思琢磨釀酒文化。

順帶一提，日本酒的釀造和啤酒同樣是以「穀物釀酒」，因此英語翻譯為Sake brewing。

日本酒的詞彙

＜日本酒的種類＞

純米酒：只使用米、麴、水釀造的日本酒。

吟釀酒：磨去米粒外層達四成以上釀造的酒。

本釀造：添加少量酒精調整風味的酒。

普通酒：另外添加酒精與糖類的酒。

＜製造方法的分類＞

生酒母（生）：藉由棲息在釀造廠中的乳酸菌來製作酒母。

速釀：添加經由合成的乳酸來製作酒母。

無過濾：未經由過濾程序，直接以混濁的狀態裝瓶。

原酒：發酵完畢的酒不加水稀釋，直接裝瓶。

↑一般會加入少量的水來調整酒精濃度與風味。

葡萄酒的詞彙

＜葡萄酒的種類＞

白葡萄酒：只使用葡萄果實釀造。

紅葡萄酒：使用葡萄果實連同果皮浸漬釀造。

粉紅葡萄酒（Rose Wine）：將葡萄皮浸漬，在酒色過深之前將果皮從果汁剔除。

氣泡酒（Sparkling Wine）：在酒瓶中密封保存酵母釋放的二氧化碳。

＜使用廣受歡迎的葡萄品種進行釀造＞

卡本內蘇維翁：超級經典商品。帶酸味並偏熟成。

黑皮諾：紅酒中的經典商品。具有細膩的風味。

莎當妮：白酒中的經典商品。具有多汁水果的風味。

PART 6

發酵的工作型態

～釀造家的喜怒哀樂～

一起貼近釀造家的
真實樣貌吧！
發酵的工作好快樂！
発酵仕事は楽しい！

本章提要

第六章的主題是「釀造家的工作方式」。
本章將介紹四位分別從事日本酒、味噌、醬油、葡萄酒的釀造家，並分享他們在工作上的哲學、組織，以及如何運用策略去規劃商業模式。發酵的工作，相當深奧呢。

主題

□釀造家的工作現場
□發酵與商業經營的關係
□手工釀造的意義

透過工作與自然對話

我在東京出生。母親從事保險業，父親從事出版業，在這種環境下成長的我來說，工作就是「每天去鬧區的辦公室上班」。

我以設計師的身分接觸第一級產業與傳統工藝世界，才知道除了雙親的「都市工作」以外，還有許多不同型態的工作方式。「都市的工作」需要無時無刻地與人打交道，舉凡和同事開會、客戶談判、拜訪商品目標對象等，全部都是「與人溝通交流」。不過，我前往偏鄉之後，發現菜農的工作面對土地與蔬菜；酪農是牛與豬等動物；漁民則是大海與魚類。此外，還有進入森林採伐木材的人，將木材製作成家具或器皿的工匠，以及在荒山野嶺中觀察生物進行分類的研究者。除了人類以外，世界上竟然有各種與大自然相處的工作，真是讓我感到既新鮮又驚奇。

其中，最特別的就是釀造發酵食品的釀造家了。他們的工作型態、世界觀，澈底地顛覆了我對工作的既定觀念。他們的工作與「看不見的生物」息息相關。人類的規矩並不適用於發酵的世界，我看著這些釀造家每天認真面對肉眼看不見、活在自然界中的微生物們；或許這麼說有點誇張，過程使我再次重新思考：「對人類而言，工作到底是什麼？」

「人類別無選擇，為了賺錢只能工作。」

「工作是與私人時刻完全相反的緊張時間。」

「經營規模必須不斷擴大、持續地發展。」

這些工作觀念，真的是不變的真理嗎？雖然人需要賺錢、休息與發展事業，但這些事情並不是工作的目的。重要的是人在工作時，能夠領悟到什麼。工作並非以金錢、規模當作「結果」，而是透過工作的「過程」豐富自己的世界，領悟到自己生活在什麼世界，與哪些存在的事物有所關聯，不斷地提升自己的洞察力；這些過程才是真正在工作上的意義價值。

就這層意義而言，工作可說是社會中溝通交流的形態。透過每一個人的工作，能製造出美味可口的食物、既美好又有幫助的事物。從事生產的過程中，持續加深與自己的工作對象，各個不同世界之間的關係。越是認真提升自己的工作態度，與這些世界的連結關係就會變得更加緊密。對方一定也會對自己的行動有所回應，這種接球與傳球雖然嚴格，卻也非常有趣。

「製造生活必需品」的生產行為，能夠附帶其他不同的交流行為——在製造的過程中，能夠與一起工作的人、自然，產生緊密的連結關係。這種交流行為，就是第四章出現的、莫斯叔叔所提到的「形成人類社會時的副產物」。但如果只是生產物品，並不會使人類的社會變得豐裕。因此，我們必須了解，唯有人類的頻繁交流以及領悟，豐裕的社會才會伴隨而來。

在宮澤賢治的童話〈狼森與笊森、盜森〉中，四位開墾村落的平民與森林的一段對話非常有名。

森林中有四位男子，各自朝著喜歡的方向，齊聲大喊地問道。

「我們可以在這裡開闢田地嗎？」

「可以啊。」森林齊聲回答。

四位男子接著又一起問。

「我們的房屋可以蓋在這裡嗎？」

「好啊。」森林再一次回答。

「我們可以在這裡生火嗎？」

「可以啊。」森林又再一次回答。

大家又開始大聲問道。

「我們可以拿走一點木頭嗎？」

「好啊。」森林齊聲回答。48

這四位平民想要建造冬暖夏涼的房屋，在森林從事「生產行為」。在生產的過程中，平民與「非人類」的森林展開對話。從現代都市人的角度去看，儘管這段對話相當奇幻，對處在森林現場的平民來說卻是「極為認真的對話」。當平民詢問森林「可以拿走一點木頭嗎？」，如果沒有得到任何回覆，就代表森林「已經死去」，無法從死去的森林中取得建造村落的任何資源。因此，平民在工作的過程中，不停地與森林進行溝通對話。持續溝通交流，人類加工這些從大自然獲得的物品，才得以過著安身立命的生活。

這些平民的謙虛並不屬於人與人之間的倫理，卻是一家老小安居樂業的生存之道。如同宮澤賢治的童話一樣，在漫長的歲月裡，人類不停地與自然對話以維持社會穩定，敬畏著偉大的自然力量，在容許的範圍裡持續奪取自然資源。因此，人類會感到內疚

48. 引用宮澤賢治的作品〈狼森與笊森、盜森〉。

而想贖罪，把親手加工的自然資源，再以獻祭神之名目還給大自然，這種習俗在世界各地都相當發達。例如，歐洲的豐收節（Harvast festival）正是如此；在日本也有以酒祭祀神明的習俗。彷彿向偉大的自然表示：

「我們拿走了各種資源真是抱歉。」

「我們交還一些，請原諒我們。」

「我們對自然的恩賜感動開心又喜愛。」

人類不停生產製造，在這過程中，深深地敬畏著世界，藉由每一次歸還（贈予）世界的行為，人類培養了對他人與自然的禮儀。所謂的工作，就是為了讓人類心靈成長而學習的場域吧。

一切交由菌與帥哥發揮力量——前所未見的釀酒廠

接下來的內容與前面章節稍微不同，我將介紹釀造家的工作型態與哲學，觀察他們如何與肉眼看不見的自然對話。這四位釀造家分別活躍於日本酒、味噌、醬油、葡萄酒等不同領域，我們一起深入研究他們每天和什麼搏鬥、感受到什麼。

首先介紹的是位於秋田縣秋田市，於釀造日本酒的釀酒廠「新政」中，擔任杜氏首席釀酒師的古關弘先生。杜氏是日本酒釀造中的「最高位階者」，就像設計業界中的藝術總監職稱一樣。杜氏必須承擔釀酒品質的責任，以及負起領導所有釀酒師傅的重要職責。（另外，除了杜氏，還有另一個更高的「釀造責任者」職務，是必須一肩扛起所有生產製造責任的統籌者，通常大多由社長擔任）。

古關先生擔任杜氏的新政酒廠，可說是代表秋田釀酒廠的百年老店之一。新政酒廠於一八五二年創業，廣受日本全國熱情的日本酒愛好者支持，儘管網路價格高於訂價，依然是炙手可熱的品牌。新政除了有強烈的奢華感以外，在釀造業界裡，甚至是一間開創新時代的釀酒廠呢。

原因是明治時期的釀酒廠，在當時取樣、培養了一種名為「協會六號酵母」[49]的發酵

49. 明治時期，日本政府設立了日本釀造協會。協會頒布了六號酵母作為日本酒與蒸餾酒等釀造用的標準。

菌。日本直到江戶時期為止，基本上都是仰賴存在於各個釀酒廠的野生酵母菌來釀酒。但是這種釀造方式經常會出現一種「火落菌（火落ち菌）」，若酒裡混入這種雜菌，就會引發腐敗現象。此現象稱為汙染（Contamination）。因此，在進入明治時期，近代微生物學傳入日本後，便由國家主導，開發並推展能穩定發酵的酵母計畫。其酵母的原型，正是採用新政釀酒廠分離出的酵母（通稱為六號酵母）。後來，新政的酵母經過改良，開發出各種型態的標準酵母，獲得日本各地釀酒廠的採用，大幅地降低了釀酒可能產生腐敗的風險。

「也就是說，我們現在所喝的日本酒，其祖先不就是新政嗎？」除了寺田本家以野生酵母釀造的「原始自然酒」以外，日本各地釀酒廠使用的酵母，全部都是源自新政的六號酵母。

六號酵母不愧是原始的菌種，它比起目前主要使用的酵母，保留了更接近野生酵母的特性。比方說，拿它來和最常使用的全能型九號酵母比較就能發現，與其說六號酵母性情粗暴，倒不如說它使酒母強力發酵。新政的酒一直使用近代日本酒原始的六號酵母。也就是說，它使用了業界標準的酵母，同時也是一間使用野生酵母菌的不可思議釀酒廠呢。古關先生的釀酒廠強烈地反映出「既為標準，同時又是野生」的雙重特性。

釀造家檔案　#1

秋田縣秋田市

新政釀酒廠／首席釀酒師：古關弘先生

【釀造】	**日本酒**
【釀酒廠特色】	**縣產米、純米、生酒母** 耗時費工能帶來驚喜的日本酒釀造
【主要菌種】	**麴菌、酵母、乳酸菌** 麴菌→從種麴屋取得 酵母→新政原始的六號酵母 乳酸菌→存在於釀酒廠中的乳酸菌
釀造家認為的 【發酵平衡】	**釀造技術 6：原料 2：微生物 2** 人類的釀造技術是掌握釀酒品質的關鍵！
【休假時間會……】	**跑步！** 其餘時間會檢查釀酒廠的設備
在心目中 【日本酒是……】	**自己與世界之間的流動物質**

新政的基本釀酒原則為「縣產米、純米、生酒母（譯注：日語為「生酛」，指以傳統的方法製造酒母）」。這是由新政第八任社長，同時也是釀造責任者的佐藤祐輔先生所制定的三大原則。雖然這樣寫出來沒什麼特別，但以日本酒業界相關人士的立場去看，可說是極為叛逆不羈的原則呢。

首先是縣產米。一般釀造日本酒使用的米，主要為兵庫縣的山田錦、岡山縣的雄町、新潟縣的五百萬石，這些都是釀酒用的主要品牌，幾乎占去全部釀酒市場。但是新政卻不仰賴外縣市的稻米品牌，持堅使用當地生產的米。其原因在於，新政最初是因應防災儲糧的運用而存在的組織。

接著是純米。也就是指「只使用米與水釀酒」。這句話聽起來雖然像廢話一樣，但就像我在第五章曾經介紹，在日本市面上流通的日本酒裡，大多都是添加釀造用的酒精所製成。換句話說，這些日本酒為了調整風味，採用了工業化的製程進行釀造。然而，新政始終堅持創業最初，江戶時期的釀酒方式。

就像我們經常聽到的「工匠精神」一樣。新政只靠純米釀酒是相當英明的判斷。何以見得？飲用日本酒的主要客群，幾乎全是「五十歲以上的大叔」，這些酒大多混入了酒精與糖分。對他們來說，純米釀造的酒是「高級卻無法放鬆的味道」。也就是說，就算「僅以純米釀造」的日本酒，不受資深愛好者的青睞也無所謂。儘管越年輕的人越不愛喝日本酒，新政依然看好未來，於是下定決心只使用純米釀酒，在日本，無法做出這種選擇的釀酒廠占了絕大多數。

最後介紹傳統的生酒母製作方法。在現代日本酒的釀造中，這是最為冒險的一種釀造法。在江戶時期所創造的日本酒釀造方法之中，初期的階段稱為「山卸」[50]，藉由這項方法培養發酵環境，使附著在釀酒廠中的乳酸菌能夠發揮作用。不過，在近代明治時期，開發出一種「速釀」的方法（詳細內容請參照第五章的介紹），可省去耗時費工的程序，使酒母的製作變得更簡便。而且，這種方法使得菌不再暴衝失控，也不再出現酸味或腐敗的現象。隨著時代的進步，釀酒技術也變得更加穩定。但是新政卻不採用速釀，而選擇江戶

50. 製作酒母的傳統技法之一。使用木槳在盛裝麴菌、蒸米、水的桶中持續翻攪直到成為稠狀，需耗費大量的時間與人力。

時代傳統製作生酒母的方法，所有的產品毫無例外。雖然有許多釀酒廠「也會」少部分製作生酒母，但「僅」製作生酒母的釀酒廠卻相當罕見。

只製作生酒母的風險非常高。原因在於，一旦遭到雜菌汙染，就必須廢棄釀酒廠裡所有的酒（過去遭到汙染而倒閉的釀酒廠時有耳聞）。然而，生酒母的優點，就是能活化釀酒廠的乳酸菌，使釀造完成的酒容易產生特色。隨著工業技術進步，制定出標準的製造程序，導致日本酒的味道差異不大。相較之下，新政的日本酒則形成強烈的對比。

新政釀酒的三大原則「縣產米、純米、生酒母」等於是「風險×風險×風險」，這間釀酒廠把三大風險相乘之後展開攻勢，以足球來比喻，就像知名教練佩普．瓜迪奧拉（Pep Guardiola[51]）時代，在巴賽隆納的瘋狂程度一樣吧。

那麼，古關先生在新政的工作情況又是如何呢？

我參觀釀酒廠時感到相當驚訝，因為「現場許多員工都是年輕帥哥」。這些年輕男性就像頂著高學歷、任職於東京高科技公司般，身手俐落地穿梭在釀酒廠之間。首先，我要稱讚新政，能讓這些年輕帥哥產生「想留在這裡工作」的念頭，實在是一件不簡單的事。接著讓我感到更詫異的是，身為首席釀酒師的古關先生，與這群年輕人溝通交流時，像兄弟般自然親切。我參觀其他的釀酒廠時，通常員工只會沉默地埋頭苦幹，也不太會主動打招呼或閒聊。然而，古關先生團隊在工作現場的交流非常頻繁。顯然這是古關先生身為上司的領導風格。許多釀酒廠極為守舊固執，若員工在現場不遵照上司的指令做事，甚至還會遭受拳打腳踢。但是，新政剛好完全相反，凡事會先讓年輕的員工自行思考。我在參觀期間，有位年輕員工剛好跑來找古關先生商量問題，結果古關先生問：「那麼，你的看法呢？」反倒先徵詢起員工的意見。

新政堅持採用傳統釀造法製作生酒母，善用附著在釀酒廠中原有野生菌的力量。生酒母的製作需要老手的豐富經驗，但古關先生卻把傳統釀造法交給二十幾歲的年輕人，他們奮力揮舞手上的木槳製作生酒母。古關先生交給他們負責，並且相信這群年輕人的素養。

51.. 運用快速、大量的連續短距離傳球，製造射門得分的機會，並以此積極進攻的足球風格成為傳奇人物。

這項做法打破了一般常識，而古關先生是這麼說的：「如果讓他們自行思考做事的方式，新人也能夠釀造出連首席釀酒師這種老手都感到驚嘆的美味生酒母。」

為什麼會出現這樣的情況呢？

我的判斷是由於古關先生做好了環境整備的工作，所以才能夠挑戰成功。

文化創意產業中，通常首席主管有兩種類型。

第一種類型是為了實現自己的創意美感而使喚部屬；另一種類型則會妥善打造平臺，讓部屬發揮創意與展現工夫。而新政的古關先生則屬於後者。

在參觀釀酒廠的途中，古關先生花了一些時間說明清潔工作。他以一般人無法想像的方式，堅持並強調做好它的重要性，所以我認為清潔工作是釀造日本酒的核心工作之一。這類型的釀酒廠，主要仰賴釀酒廠的發酵菌進行釀造，之所以如此重視打掃清潔，就是為了防止釀造過程中雜菌的入侵汙染。換句話說，只要確實做好清潔工作，汙染的機率就會大幅降低。

「嗯？小拓想表達的重點是什麼？」

我想說的是，年輕人挑戰如此重要的工作，有可能打破我們過去的常識而產生奇蹟，但同時也有可能會出現老手不會犯的致命傷。在生酒母的製作過程中，最容易造成致命傷的就是汙染。因此，古關先生盡一切努力消滅致命傷，並且提升奇蹟成功的機會。

每當我與從事發酵工作的釀造家談話時，總會聽到他們有此體悟：「這不是我自己創造出來的成品，我只是整頓好一個能讓發酵菌愉快工作的環境而已。」這不僅單純地展現謙虛態度，更表達出發酵釀造工作的有趣之處。發酵產品與工業產品最不同的一點，就在於產品能夠百分之百地反映出製造者的意圖。透過微生物的力量完成的產品，代表著結果可能超出人類的預期，產生不可思議的意外。

這種意外若是轉往壞的方向發展，就會產生腐敗的現象；若是朝向好的方向發展，就會超乎人類的智慧，最後出現奇蹟＝發酵。往好的方面想，它背叛了自己的期待就像逆來順受的快感一樣，讓人更想積極地面對發酵釀造的工作呢。

「要是請他們完全按照我的想法執行，一定不會產生有趣的結果。所以我相信釀酒廠的這群年輕人，讓他們嘗試釀造奇特的酒，這樣的過程肯定充滿樂趣。從帶著樂趣到努力下工夫，相信人一定會成長茁壯。」

古關先生曾在石川縣能登地區首席釀酒師的指導下，持續鑽研釀酒的技術。據說，他在某一個時期開始，覺得「一切都按照規劃的設計圖來釀酒，終究遇到了瓶頸」。然而，就在他來到新政之後，社長佐藤先生隨即訂出「縣產米、純米、生酒母」這三項不合理的原則。但就結果來看，這三大原則為釀酒方程式帶來了變數。而且，古關先生來到新政，拋開了過去累積的職務經歷，讓一群帶著渴望成長的帥哥們自由地發揮創意，更是大大增加了成功的變數呢。

古關先生站在釀造桶旁，望著桶裡發酵的醪，喃喃自語地說：

「試著賭一把不知道會出現什麼結果的挑戰，就能突破我釀酒的瓶頸……這下可真的釀出了上等的好酒了。」

這句話，代表了人類創造的原始精神。

破壞自己規劃的設計圖。

挖掘出自己以外參與者的潛能。

美無法與自己預測的結果完全一致，美只會在冒險與搏鬥的挑戰中誕生。

「確實地把以傳統方法完成的生酒母，與六號酵母完美地交融在一起，就能產生非常有趣的發酵作用。最後釀造出上等的美酒。」

古關先生充滿喜悅地談論著，這瓶靠新政獨特的菌所釀造的吟釀酒，到底會帶給我們什麼樣的特別滋味呢？

首先，第一印象給人較強的甜味，以及清爽不膩的口感。接著，細細品嚐，就會慢慢感受到鮮味。傳統釀造法會使生酒母產生優酪乳般的酸味，與酒中的甜味、鮮味完美地結合。甜味、鮮味、酸味，複雜地交融在一起，令人感到一股協調的果香。讓人瞬間產生一種品嚐「飽滿的莎當妮白葡萄酒」的錯覺。

以系統分類來分析，新政的吟釀酒結合了「休閒時尚日本酒」與「原始自然酒」的優點。飲用時的口感佳、充滿香氣，以及保留了上等日本酒特有的清新麴味。這種水果香味，不管是日本酒的忠實愛好者，或者是新世代的年輕人，每個人的接受度都相當高。甚至連喝遍各種日本酒的銀髮族都會愛上它，簡直像魔法的香氣。而誕生出這種魔法的正是六號酵母，明明有著狂野的特性，卻能釀造出高品味的香氣，再加上麴菌的力量釀造出的酵素，彷彿天鵝絨般美好的甜味組合。

另外，還有一項非常鮮明的特色——「第一印象令人驚艷」。上等日本酒的口感，通常屬於「迅速地在喉嚨裡瞬間消失」的類型。但無論新政的哪一種酒，喝下去的瞬間都會出現「您好，新政要來囉！」的強烈衝擊感。這種衝擊力，正是生酒母所發揮的強力作用。有時候容易產生雜味，但由於酒母已澈底發揮作用，所以並不會產生刺激感。

由此可見，新政釀造的日本酒有著非常明確的概念，立志創造出新日本酒的「風味標準」。如此不滿於現狀的雄心壯志，相當符合復古的六號酵母，以及運用傳統方式釀造的生酒母。這就是新政的獨特風格。無論是潮流趨勢、回歸原始、野生的酵母、麴菌，以及年輕帥哥員工，有時採取一些相反的元素，反而能夠創造出全新的價值。

在這些元素的基礎下，首席釀酒師古關先生堅信「整頓環境的清潔力量」與「相信並付托他人產生的力量」，真不愧是日本酒業界的知名藝術總監啊。

歡樂唱跳的味噌屋，自製發酵的幕後推手

接下來介紹非常出色的味噌屋。

這間位於山梨縣甲府市的味噌釀造廠叫做「五味醬油」，由第六代的五味仁先生經營。事實上，引領我進入發酵與微生物世界，其契機正是來自於與五味醬油的相遇。

五味醬油是山梨的味噌老店，創業於明治時期元年，也就是一八六八年。雖然叫做五味「醬油」，但目前並沒有製造醬油。二戰過後，受到醬油大廠市占率大幅增加的影響，早在三十年前停止生產醬油產品。目前主要銷售的產品為味噌及其原料——麴，還有一般人士也能自行在家釀造的「自製味噌套組」。仁先生負責的工作為開發商品，以及製造味噌與麴。

五味醬油具有兩點特色：

・釀造在地味噌——甲州味噌。
・舉辦自製味噌工作坊。
接著逐一介紹。
如同第二章的圖解所示，味噌分為米味噌、麥味噌、豆味噌。但是五味醬油釀造的甲州味噌卻無法歸類在這三類裡。甲州味噌以米與麥混合釀造，因此稱為「調和味噌」。一般市售的調和味噌，通常會將完成的米味噌與麥味噌混合攪拌在一起；然而甲州味噌則在釀造之前，會先將米麴與麥麴攪拌過後才開始釀造。也就是將兩種味噌的原料混合之後才進行釀造，在調和味噌裡，這是屬於非常罕見的味噌。
甲州味噌的起源，可回溯至日本室町時代後期的戰國時代（一四六七至一五七三年）。這是一個動盪不安的年代，由於數萬名士兵組成的軍隊經常往來日本各地，為了方便士兵隨時隨地飲食，隨身攜帶食物的製作技術就非常發達。當時，最便利的就屬味噌了。因為可以隨時放進水裡煮成味噌湯享用，保存性非常優異。由於釀造時放了許多鹽巴，相當適合在劇烈運動過後當作餐點。過去，只有少數貴族或僧侶能夠享用味噌，直到戰國時代才普及到一般民間。

那麼，山梨從何時開始出現味噌文化呢？據說甲州味噌是由武田信玄推廣建立的。山梨的平地較少，山區居多，無法生產大量稻米。因此，人們會在稻米收割後種植麥，並以麥混合米，大量釀造味噌，這就是甲州味噌的由來。也就是說，山梨的氣候與風土，孕育出獨特的是甲州味噌。我們能在超級市場輕鬆買到信州味噌，就是五味醬油一貫化持續製造的甲州味噌。仁先生對此表示其中原因：

「住在山梨地區的居民都相當保守，無法改變熟悉的鄉土料理。自古以來，大家習慣使用小魚乾煮成味噌湯，或是把麵團切成不規則狀，以味噌湯燉煮成餺飥麵；這些食材、料理都與甲州味噌非常對味。」

五味醬油的味噌，確實與其他地區的味噌不同，特別是味噌湯在味道上出現顯著的差異。比起米味噌帶有更多的鮮味與甜味，也比麥味噌的風味還要濃厚，甚至還帶著米味噌與麥味噌沒有的特殊苦味，在這種複雜風味的平衡下，產生了一種絕妙的特色。還記得我初嚐五味醬油釀造的甲州味噌時，驚訝地說：「怎麼會有如此野性的味道啊！」通常在超市販賣的平價味噌，已將這種突兀的風味與口感，調整成大眾能夠接受的口味了。不過，仁先生依然堅持過去傳統的野性風味。換句話說，五味醬油繼承了山梨自古以來釀造的「自製味噌」風味。

釀造家檔案　#2

山梨縣甲府市

五味醬油／第六代：五味仁先生

【釀造】	**味噌**
【釀酒廠特色】	**以木桶釀造甲州味噌** 源自山梨而引以為傲的風味
【主要菌種】	**麴菌、酵母、乳酸菌** 麴菌→從種麴屋取得 酵母→存在於釀造廠中的酵母 乳酸菌→存在於釀造廠中的乳酸菌
釀造家認為的 【發酵平衡】	**釀造技術 4：原料 2：微生物 4** 手工釀造技術與釀造廠中微生物的美妙合奏曲
【休假時間會……】	**優閒地泡溫泉** 其餘時間都在照顧麴菌
在心目中 【日本酒是……】	**早晨餐桌上的風景**

那麼，這種「充滿野性特色的風味」是從哪裡來的呢？我們先來觀察一下仁先生在釀造味噌時的每一道步驟吧。

以五味醬油的味噌特色而言，就像前面提到的「混合了兩種不同種類的麴」。再來則是「以木桶進行釀造」。這種充滿特色的釀造方式，對結果產生了非常大的影響。由杉木製成的木桶，木頭纖維上有許多讓微生物棲息的縫隙，布滿了能使味噌發酵的酵母與乳酸菌。這些棲息在木桶上的野生菌，會因為釀造廠的不同而有不同的特色。不過，大型製造商多半採用金屬製的釀造槽來釀造味噌，必須另外添加人工培養的菌種。雖然能夠發酵出穩定的味道，但同時也代表著不易釀造出獨特的風味。

相較之下，使用木桶的釀造方式，容易反映出釀造廠的個性，不過每一次釀造出來的風味也會各有千秋。在五味醬油參觀時，我聽到一位員工對購買味噌的顧客表示：

「我們的味噌會隨著不同的季節、木桶，產生不同的風味。請您務必好好享受這些不一樣的特別風味。」

特別是每一個釀造桶擁有不同風味的這一點，可說是「五味醬油的獨特風格」。論及如何保持這種風格，祕密似乎在於「麴菌的複雜調和作用」。五味醬油進行釀造時，分別會使用四至五種不同特色的麴菌。包括米麴與麥麴，每一種菌都會分開使用。在溫度管理較為困難的麥麴裡，為了不讓麴發酵過熱導致發酵不穩定，會添加數種麴菌來調和。釀造者若放任麴菌在繁殖時釋放高溫，就會因為麴本身的熱而停止發酵。這些菌種的調和方法，似乎是五味家代代相傳的祕方。仁先生表示：「其實我也不太清楚這些調和配方的原理，但只要按照上面的方法釀造，就會成為五味醬油風格的味噌。」彷彿老店料理餐廳的米糠醬菜，或是知名拉麵店中備受好評的湯頭一樣，全都是深不可測的世界呢。

五味醬油的味噌釀造，刻意保留了引以為傲的手工製作方式。有兩種麴皆透過手工來製作，黃豆與麴的攪拌作業，也是透過人的雙手來操作（這是一項重度勞力的工作）。透過人工釀造的味噌，當然會產生「不平均」的現象。有時原料會出現在沒有完全攪拌均勻的地方，木桶也無法像金屬槽一樣能夠完全密封。不過，一切還是得仰賴住在釀造廠的野生菌進行發酵，也因此才會產生各種出乎意料的結果。

「棲息在木桶裡的酵母，製造出味噌的香氣與多層次的風味。這些酵母的種類有好幾種，其中有製造香氣與酒精的資優生酵母，也有不製造香氣的偷懶酵母。如果偷懶的酵母不發揮一定程度的作用，就不會變成五味醬油的味噌。我們保留了手工方式的味噌釀造，也等於保留特別菌種的生存空間，因此才會出現各種有趣的結果，讓我們在品嚐味噌湯時，能夠喝到各種豐富的層次。」

仁先生如此表示。只要看到五味醬油的味噌釀造過程，就會明白這種「手工釀造」不只是回歸傳統而已。透過手工釀造，能促進更複雜的發酵系統。正因為人類無法做到滴水不漏的管理，所以特別菌種才有生存的餘地，誕生出我們每天喝不膩、擁有豐富風味的味噌。為了不使這種複雜的系統毀滅，人類耗費工夫運用各種方法，因此才顯出釀造味噌的重要。

接著繼續研究。

五味醬油舉辦自製味噌的工作坊之後，這間味噌屋隨即轟動日本全國。包括山梨縣在內，這堂自製味噌工作坊，光是一年內在日本各地就舉辦了一百場以上。順帶一提，我所設計，與仁先生共同製作的動畫歌曲〈得意洋洋的自製味噌之歌〉，就是為了能開心地炒熱自製味噌工作坊的氣氛。在五味醬油的自製味噌工作坊裡，仁生先與妹妹洋子小姐會隨著動畫歌曲唱唱跳跳，同時傳授大家味噌的釀造方法。這種推廣的方式，頗受兒童與新世代年輕人的歡迎，因此把「自製味噌當作娛樂」，就成為了一種全新的類型。

然而稍加思考，仁先生是否會擔心「以味噌屋的立場，教導大家味噌的釀造方法，以後的生意還做得下去嗎」這個問題？一旦人人開始親手做味噌之後，業績不就要開始走下坡了嗎？我提出心裡單純的疑惑，仁先生卻是這麼回答的：「起初我也有點擔心，然而持續舉辦工作坊的過程中，味噌的銷售量反而提升了。大家一旦動手做味噌，就會消耗許多味噌，最後似乎更能促進味噌的購買數量。」

而且，只要大家開始自製味噌之後，就會想當作禮物分送給親朋好友。收到禮物的親友也會想親手做味噌，進而報名參加五味醬油的工作坊，展開「永無止境的自製味噌地獄」循環。這樣的過程，就等於創造了新型商業模式——熱銷製作味噌的材料。因此，五味醬油推出了「自製味噌套組」的商品，並且提供直接銷售麴的服務。

隨著自製味噌工作坊廣受大眾喜愛，味噌以及麴的銷售量也連帶跟著成長，形成良性循環。這種方法並非「拉攏」顧客，而是藉由「開放」帶動商機，進而產生更好的結果。

仁先生所建構的商業經營，並不是互相搶奪市占率，而是透過推廣自製味噌文化，自然就能創造出新的市占率。在〈得意洋洋的自製味噌之歌〉的動畫歌曲中，並沒有打上參與製作的五味醬油商標。之所以這麼做，是因為仁先生希望其他的味噌屋與味噌製造商，能夠自由地使用這首動畫歌曲。

「雖然自製味噌受到大家喜愛，但也不可能馬上就增加產量。附著在釀造廠與木桶上的菌，也沒那麼簡單轉移到其他地方去。在人口不斷減少的時代裡，我當然不認為事業會持續成長。因此，我並不是想大量賣出自己的味噌，而是希望能夠創造出一個契機，讓包括像我們一樣的地區製造商，以及家庭的自製味噌，大家都可以享受自製味噌的樂趣。如此一來，或許就不太需要由我們來釀造味噌了。自製味噌能普及到每個角落，這才是我心中真正的願望。」

仁先生非常誠懇地說出這番話，他不但是味噌界的傳道師，同時也是邊唱邊跳、開心釀造著味噌的年輕老闆。許多愛好者欣賞他釀造出舞動的快樂，紛紛由全國各地前來參觀五味醬油。除了廣受發酵愛好者的喜愛，他甚至主動走出社區，到日本各地舉辦自製味噌活動，活絡地方的文化發展，並且帶動男女老幼學習飲食的意義。仁先生不採取說教的方式，而是讓大家樂在其中，並以此培育各地自製味噌的文化。這一種方式，讓生活在現代社會的我們，得到了許多啟發以及領悟。

仁先生認為凡事都有一定的限度，他們並非以拓展事業版圖為目的，而是想擴大共鳴接著形成良性循環：這正是「發酵的禮物經濟」最佳範本。如何發展深根土地的地方事業，或者找出地方再造的方法，這些祕訣都藏在這間小小的味噌屋裡。

以工匠精神回歸原點，為醬油界帶來多樣性

介紹完味噌，接著來看醬油的世界吧。

我要帶大家認識的是位於福岡縣糸島市的Mitsuru醬油（ミツル醤油）。社長城慶典先生與我同世代，是一位優秀領導者，也是備受醬油業界寄予厚望的人物。

Mitsuru醬油大約九十年前創業（沒有留下正式紀錄），與糸島地區的關係密切，是一間家族經營的小型醬油釀造廠，城先生是第四代的經營者。只要在網路上搜尋，就能看到許多採訪城先生的報導文章。為什麼他會如此受到矚目呢？原因在於「他成功地復興了自家公司的醬油釀造」。

「什麼？這有什麼了不起的地方？請說一些門外漢聽得懂的話吧！」

當然。就是為了要讓大家明白，才會有這本書的存在啊。

城先生成功地復活了祖父那一代放棄，「從頭到尾靠自家釀造廠釀造醬油的文化」。這是一項與時代潮流逆勢而行的挑戰，大家才會因此雀躍不已。

「你的意思是說，有一些醬油公司並不會自行生產醬油嗎？」

正是如此。實際上，從頭到尾自行釀造醬油的釀造廠，在全國一千三百家的醬油製造商中，大概還不到一成。大型製造商一定會有生產醬油的機器設備，但是像Mitsuru醬油這種中小型製造商，多半都是在各個地區，透過成立「單一組織（醬油協同組合）共同生產商品」共同營運醬油生產設備。再說得淺白一些，就是大家一起出錢，集中一貫化生產後進行分配，再由各製造商自行調整味道，貼上自家的商品標籤上市販賣。而且，這種組織型共同生產的型態，幾乎都是固定的釀造製程，透過機器自動化大量生產商品。

日本全國各地之所以有這樣的運作系統，是源自於一九六三年政府制定的《中小企業近代化促進法》。這項法律的主要目的，是為了不讓中小企業敗給大企業，夠提升各行各業的技術。在醬油業界中，就像前述「統合各個中小型製造商的生產技術，才能與大型製造商互相競爭」，所以誕生了這一項制度。這種方式在人口不斷增加的高度經濟成長期中，能夠穩定供應品質優良的醬油，可說是一項因時制宜的合理方案。

然而，隨著時代變遷，這項制度出現了缺點。每一間釀造廠的醬油都差不多，失去了多樣性。無論是大型或中小型製造商，都是導入相同生產系統，製造出一樣的醬油，當然就會陷入價格大戰。如此一來，擁有廣大銷售通路的大型製造商市占率增加，中小型製造商只能疲於應付。

事實上，前一篇提到的五味醬油之所以停止生產醬油，正是因為這一段時空背景的緣故。過去這項為了保護中小企業而制定的系統，卻叫現在的中小企業苦不堪言。

在順應時代潮流的中小醬油製造商中，勇敢起身、逆風而行並高喊著「我要再一次靠自己的力量製造醬油！」的人正是城先生。倘若這項制度無法發揮功能，就只能靠自己的

釀造家檔案　#3

福岡縣系島市

Mitsuru 醬油／釀造家：城慶典先生

【釀造】	**醬油**
【釀酒廠特色】	**回歸原點的醬油釀造** 從零開始釀造的正統手工精釀醬油
【主要菌種】	**麴菌、酵母、乳酸菌** 麴菌→從種麴屋取得 酵母→從祖父時代的釀造廠中分離的酵母 乳酸菌→存在於釀造廠中的乳酸菌
釀造家認為的 【發酵平衡】	**釀造技術 6：原料 2：微生物 2** 靠不斷提升的技術與直覺挑戰發酵工作
【休假時間會……】	**享受美食** 但是幾乎無法休一整天……
在心目中 【日本酒是……】	**日本和食中不可缺少的基礎**

雙手開創新局了。城先生以非常積極正面的態度向前邁進。

「在我祖父那一代，曾經自行釀造醬油，曾幾何時卻不再生產，改成購買，實在枉費我們身為一間醬油屋。我還是想嘗試挑戰，從頭到尾自行釀造醬油，這是我的原點。」

城先生侃侃而談，感受不出他背負著業界的沉重使命感。城先生與五味仁先生一樣，都是三十幾歲的新世代釀造家，大家面對工作皆展現從容不迫的態度（順帶一提，城先生與仁先生是同一所大學的學長學弟關係）。

城先生從大學時期開始，經常前往全國各地為數不多、仍保留自家釀造的醬油製造商，研究學習傳統的醬油釀造方法。他回到老家Mitsuru釀造廠之後，將倉庫大肆整頓一番，想盡辦法收購祖父那一代廢棄的醬油釀造工具，完成一間充滿DIY感的釀造廠。由於新的釀造廠只是運用了多出來的空間，所以動線有一點凌亂。就算是講客套話，也不能說它是一間合理的釀造廠，但不可思議地，新的釀造廠依然給人一種很棒的感覺。城先生回到老家時，祖父已離開人世，沒有一位員工知道醬油的釀造方法。也就是說，城先生一切都得憑自己學來的技術以及直覺，重頭開始挑戰醬油的釀造工作。

這樣不是很好嗎？真是叫人興奮不已。

「再一次找回曾經失去的事物」，城先生是這個時代最棒的冒險家。想要重現過去失傳的技術與專業知識，必須耗費工夫以及相當的熱情。然而，就在他完成夢想的瞬間，我們除了感動不已，心靈也得到洗滌淨化。

就這樣，城先生憑著自己的素養，復興自家醬油釀造，重新點燃祖父那一代的工匠精神。從製麴、釀造，再到最後出貨，所有的程序都以手工製作，展現極致精神的傳統釀造法來完成。其中一項充滿城先生風格的新商品「生成（生成り）」醬油，光是熟成的時間就耗時兩年。業界人士紛紛議論：「那傢伙居然辦到了！」這成為一大事件，在醬油業界掀起了一陣騷動。

寫到這裡的故事，日本各大媒體都已經報導過了。接下來，我將以自己的角度，深入探討城先生的醬油釀造。

我品嚐城先生釀造的醬油，第一口的印象是：「好濃……但是很爽口。而且帶著一股性感的香氣……！」

換句話說，它令人產生「好有意思！」的驚喜感覺。

在這同時，我不禁假設：

「莫非醬油之路，就像蘇格蘭威士忌一樣，非常接近品味蒸餾酒的樂趣？」

事實上，在日本想要釀造出獨特醬油風味的產品，是一件非常困難的事情。同樣是發酵調味料，味噌的風味會隨著製造商、地區的不同而具有多樣性。在超級市場販賣的特價味噌與五味醬油釀造的味噌，即使請普通人來品嚐，也能立刻分辨出其中的差異。然而，醬油卻相當不同。由於醬油的鹽分比味噌還要高，一般人並不會大量使用醬油，因此很難像比較味噌風味一樣，分辨出醬油種類的不同。

況且，醬油釀造必須遵循政府所制定的規範（JAS，日本農林規格），原料的種類與成分比例都有一定的條件限制。首先，原料必須使用黃豆與鹽。以占日本全國總流通量八成的濃口醬油（黑色閃亮具有光澤的鮮味醬油）來看，其成分為鹽分濃度約百分之十六、總氮量在百分之一點五左右。而另一種色澤較淡、熟成時間較短的薄口醬油，鹽分濃度約百分之十八、總氮量在百分之一點二左右。醬油種類的定義以「上述的成分比例與顏色等條件進行分類」。順帶一提，味噌並沒有這樣的規定，只要使用黃豆與麴，就可以自由地釀造。由於醬油的規格受到規範，才能夠落實業界整體產品的穩定品質。不過，從另一個層面來看，每一個製造商與地區的多樣性就會大幅減少。

原本味道的差異就不容易分辨，還要再受到規格的限制束縛。我過去始終覺得醬油有點沒意思，一直到品嚐城先生的生成醬油。

老實說，生成與其他品牌的醬油並沒有太大的差別。但是香味可就不同了。一開始，我大概只隱約感覺到些許不同，在專心品嚐之後，才發現了極為顯著的差異。這款醬油相較起我所知道的一般濃口醬油，同時兼具「清新的香氣」與「芳香」，這種香味極為獨特高雅。

試著把目光放在「香味」之後，就會發現醬油其實擁有豐富的多樣性。任何人一喝葡萄酒就能輕易了解它的特色，它在和食調味料中如同「味噌」；蘇格蘭威士忌在味道上雖然相差不大，卻是一種非常值得品嚐香氣的酒，在和食調味料中相當於「醬油」。

手工釀造醬油讓人品味香氣，猶如「以舌頭鑑賞香道[52]」一樣。過去，我以為醬油沒有特色，實在是一種過於膚淺的偏見。其實，醬油忠實地反映出釀造家的美學，根本是發酵食品的王道呢。我在此要向醬油業界的大家說一聲抱歉。

仔細觀察城先生所釀造的醬油，就會發現許多不合理的製造程序。首先來看製麴。醬

52.. 為日本傳統藝道，依一定禮法焚香木，鑑賞香氣。

油的麴，與釀造味噌以及酒的麴，性質上完全不同。

「比起其他釀造物，醬油麴的好壞會直接表現出來，必須小心處理。特別是中間的過程會釋放大量熱能，如果未控制得宜，就無法產生醬油的鮮味。」

正如城先生所言，醬油釀造的核心關鍵在於麴。把炒熟的小麥與蒸熟的黃豆，讓麴菌附著後繁殖，它產生的蛋白酶酵素能夠提升醬油的鮮味。麴的主原料黃豆與小麥在發酵時，比起在米中，更容易釋放出熱能，因此必須細心地勤加觀察，以防麴菌過熱而導致發酵不穩定（若溫度過度上升，就會像納豆菌的發酵菌一樣活潑，味道也會變得難聞）。

接下來，相較於味噌或日本酒，醬油需要大量的麴。味噌加入黃豆與麴，日本酒加入米與麴，量自然就會增加，然而醬油只把麴泡在鹽水中，需要放入大量的麴。在全部原料之中，只有醬油中麴的比例特別高。而且大量製麴相當耗時費工，是非常辛苦的一件事。一旦進入準備製麴的季節，晚上幾乎無法好好睡覺，彷彿「媽媽照顧徹夜哭泣的嬰兒」一樣（我把這種情況稱為「為麴憔悴」）。

完成製麴後，接著準備釀造工作。把麴浸泡在鹽水中，逐漸在液體中融解，變成泥糊狀的「醬醪」。在這過程中，酵母菌與乳酸菌等許多發酵菌種，彼此間會產生複雜的相互作用，造就出醬油獨特的鮮味與風味。城先生的酵母，是從祖父時代就使用的釀造廠空間中分離出來的，等於重現了過去釀造廠的發酵情形。他的熱情實在是不簡單。

然而，要將這種「發酵菌的複雜相互作用」引導到好的方向，可說是非常辛苦。由於城先生的釀造廠是DIY自行打造的緣故，並沒有裝設嚴格控制溫度與溼度的空調設備，與五味醬油一樣以木桶釀造。因此，工作人員必須澈底掌握每一天的天氣狀況，以及每一個木桶的釀造情況，做好醬醪的攪拌工作，仔細地管理木桶，調整至最佳的發酵環境。這一切都得仰賴釀造家的直覺，仔細觀察微生物的發酵情況，完全按照經驗中的「感覺」，調整成微生物最適合發揮作用的環境。

從釀造開始度過夏天，將決定醬醪味道的方向，讓它經過一至兩年的熟成時間，進化為更深沉的香醇氣味。在這段期間，藉由醬油的鹽味發酵力量，風味將變得更沉穩，此現象稱之為「鹽熟（塩なれ）」。在熟成的過程中會產生胺基酸與多酚類等營養成分，由於鹽分受到抑制，品嚐時，感覺不出實際濃度的鹹味。就像籃球漫畫的經典作品《灌籃高手》中，湘北對上海南之戰一樣。有一幕的場面是湘北為了壓制海南的牧，選手四人一組包抄使牧動彈不得。請大家發揮想像力，把海南的牧當作鹽，湘北的選手當作發酵產生的營養成分。

熟成結束，壓榨醬醪就能取得液體狀的醬油。在城先生的醬油釀造過程中，我覺得最有趣的就是這道「壓榨」程序了。一般的醬油釀造中，需要以加壓機施予重力，一直到壓榨出液體為止。黃豆富含豐富的油脂，一般強力壓榨的做法是，使用脫脂黃豆片或完整黃豆完成釀造，在壓榨後進行油脂分離。然而，城先生卻花時間溫柔緩慢地壓榨完整黃豆釀造的醬醪。由於不是強力壓榨，能有效抑制油分的油膩感，並且保留完整黃豆的風味。不過，因為無法壓榨到一滴不剩，會留下許多殘渣，所以效率不佳（但我非常喜歡醬油殘渣，經常配著茶泡飯一起吃）。我認為城先生這種「溫柔緩慢地壓榨」，是醬油獨特風味與香味的重要關鍵吧。

「不是這樣的，其實我只是買不起那麼貴的壓榨機。所以，才會用傳統方式來壓榨。就結果來看，很開心能釀造出屬於我們風格的醬油。事實上，我滿想改成自動化的系統。不過，即使沒有大規模投資機器設備，手工釀造還是能完成很多事情，並且透過實驗，嘗試許多不同的釀造方式。」

最後的程序是加熱停止發酵，裝瓶出貨。

從釀造開始到完成需耗時兩年，過程中相當耗費精神與體力，然而收入卻是零。相較一般製造業、零售業，經營釀造事業實際上要開始獲利，所需要的期間非常長。嚴格來說，縮短熟成期間趕快出貨，才是有效率的商業經營模式。但是，城先生卻不這麼做，即使冒著風險，他也想追求自己滿意的味道。在毫不妥協的努力之下，成果得以反映在價格上。

城先生從頭開始釀造的生成價格不菲。父親時代從醬油協同組合買來自行調整的醬油（濃口），每一千毫升約四百五十日圓；城先生自行釀造的生成，從頭到尾經過兩年的熟成時間，每七百二十毫升約兩千五百日圓。相較下價格相差了七至八倍。

我在這裡看見了城先生的「品味」。在設計工作中，價格設定是一種創造的行為。即使相同的產品，若是價格不同的話，購買者在意識上也會產生變化。換而言之，價格是一種「訊息」。城先生大膽訂出價格，原因不只是單純耗時費工而已，而是「希望大家能以新標準意識到何謂價值」，相較於人們習以為常的醬油，他把訊息放進訂價裡，使大家提升對醬油的意識，從「只要是醬油都好」，轉變為「既然要買，就要選擇好醬油」的想法；他希望大家從價格中有所「領悟」。因此，我們無法以慣性思維購買城先生的生成（因為比較貴）。

事實上，調味料非常重要，它左右著料理品質的好壞。即使相同的食材、相同的作法，一旦使用好的調味料，就能做出令人讚嘆的美味料理。比起努力上料理教室的課程，其實只要把普通的調味料換成最好的品質，就能輕鬆地做出好料理。特別是醬油，由於大家每天很自然地使用它，很難意識到這一點。因此，如果我們嘗試改變，每天的餐桌一定會充滿不同的新鮮感。大家一定能充分領悟到：「區區一瓶醬油，竟然會差這麼多！」了解花錢購買的價值。

「我在訂價時，確實感到躊躇不決。特別是一直以來愛用Mitsuru醬油的在地朋友，這種轉變可能會讓他們覺得不是好事。但若我們無法獲利，生意也就做不下去。所以我決定，只與接受這種價格的顧客打交道。如此一來，我也能專注於釀造更好的醬油。」

城先生的這番話，我感覺到他在改變商品的同時，也改變了商業模式的堅定意志。僅靠大量生產，以便宜價格賣出的薄利多銷模式中，商品完全失去了個性，必須勤跑業務或配送到各個家庭裡，才能讓大家願意掏錢購買。而且利潤還非常低，必須經常對顧客卑躬屈膝，實在叫人疲憊不堪。

因此，城先生才會冒著風險，打造出「具有個性特色的產品」。這麼一來，就能以該商品的實力為主軸，就算不積極跑業務，也能以合理的價格售出，與顧客建立信賴關係，最後獲得良好的利潤。這些利潤能提供家人與員工無虞的生活，還能讓自己有餘力進行新的嘗試挑戰，脫離惡性循環轉為良性循環。

「我的想法與父親這一代以前都不同。我沒有考慮擴大營業規模，也不想一直增加生產量。倒不如說，我比較想走小巧精緻的路線，保持我自己能接受的規模來做生意。因此，我重視的並不是銷售規模而是利潤。」

過去的時代，人口曾經不斷地成長，在這樣的前提下，地方企業總是不看「利潤」，而是以「銷售規模」獲得評價而維持經營。儘管沒有獲得利潤，但只要銷售規模夠大，就能向銀行融資，順利取得營運資金。於是，為了確保銷售規模，比起有特色的商品，有人更重視勤跑業務與宣傳廣告。只不過，隨著人口遞減，無法再把人口成長當作前提。因此，必須想出其他方法，就算不擴大營業規模，企業也能持續生存下去。這時最重要的事情，就是商品本身的特色與吸引力。讓消費者不想買其他品牌，而只想買Mitsuru的醬油。城先生為這種想法，在技術上與品牌概念上費盡千辛萬苦，最後終於獲得利潤。只要能夠確保利潤，就不需要勉強自己去投資設備或擴大市場。

或許城先生尚未察覺到自家企業的分量，他所做的這些努力，並不是只有釀造醬油，而是能夠以偏鄉地區醬油釀造製造商的經營模式，成為大家參考的典範。

生產製造優良的物品，對自己保持著自信心。

如此商品肯定直線上升，創造出理想的利潤。

理想的利潤讓事業永續，永續就能創新突破。

斯卡音樂人打造的新世代在地葡萄酒

不曉得為什麼，發酵總是與音樂特別對味。

釀造家中有非常多音樂愛好者。許多發酵愛好者前來參加我舉辦的工作坊，其中有好多人都是音樂人。所謂讓某事物發酵，歸根究柢就是「產生好的感覺」。好的感覺我認為相當接近聽到一首好音樂時的喜悅呢（真希望有人能把這項主題寫成一本論文）。

最後介紹的是葡萄酒釀造家——若尾亮先生，他所經營的丸三葡萄酒（マルサン）位於山梨縣甲州市勝沼。他的身分除了是葡萄酒釀造家，同時還是一位斯卡音樂人，可稱之為新世代的發酵男子呢。

若尾家是持續經營葡萄園超過三百年的農家。一九五八年（昭和三十三年），開始以自家葡萄進行葡萄酒的釀造工作，直到亮先生這一代，已是第三代的葡萄酒釀造家了。不過，亮先生的經歷充滿了特色。在三十歲以前，他一直從事音樂的工作（斯卡樂團的長號演奏家），在結婚的契機下，入贅搬遷到伴侶的故鄉若尾家。接著，他以自學的方式研究葡萄酒，目前已成為獨當一面的釀造家。他經常會舉辦DJ活動，持續音樂人的工作，過著相當愜意自在的人生。

本書第五章曾提過，日本國產葡萄酒的發祥地是勝沼，而若尾家從江戶時期起，就一直在勝沼的中心地區持續葡萄種植工作。山梨縣一共約有八十間釀酒廠，其中約有三十間、八千人左右集中在勝沼這個地方。也就是說，葡萄栽培與葡萄酒釀造是該地區的主要產業。每年從夏天結束到秋天之際，這個地方四處都飄散著釀造葡萄酒的香氣。

這裡雖然也有Chateau Mercian酒莊、Manns Wines葡萄酒釀造場、Chateraise酒莊等大型釀酒廠，但多半還是以家族經營的小型釀酒廠居多。丸三葡萄酒在全部當中，算是最小規模的釀酒廠，每年生產數量若以瓶裝的七百二十毫升計算，大約是兩萬五千瓶左右。而且，大概有一半已經直接與在地的葡萄酒愛好者簽定契約，並不會批發給零售商或餐廳。

「拓先生想透過這段話表達什麼重點呢？」

這表示這些葡萄酒只有當地人才喝得到，可說是極為道地的在地葡萄酒呢。能夠批發給都市的量販店或餐廳的葡萄酒，只不過是部分製造商生產達到一定的量。除此以外，幾乎都提供給當地的葡萄酒愛好者，而且喝完之後，就不再有多餘的酒了。然而，像丸三葡萄酒這種小型釀酒廠，卻能夠釀造出其他地方沒有的獨特風味葡萄酒。

如果想要品嚐在地葡萄酒，就必須親自前往山梨一趟不可，而且我認為它非常值得大家跑一趟。迎接秋天新酒的季節，一邊欣賞葡萄的紅葉，一邊品嚐著葡萄酒——大家是否覺得這樣的旅行充滿了美麗的風情呢？假如有人說「我一定要去！」，請務必通知我一聲，如果剛好有空，我一定會好好款待您。

那麼，身為小型釀酒廠佼佼者的丸三葡萄酒，到底有什麼特色呢？

我第一次品嚐亮先生的甲州葡萄酒，產生了「有機健康且新穎獨特」的印象。請大家回想看看，最近的音樂界裡，也出現了一些音樂人，把幾十年前的經典藍調或靈魂曲風，以時下的編曲方式重新詮釋這一類型的音樂。這種音樂風格就像亮先生的葡萄酒，保留了純樸的「傳統美好的葡萄酒口感」，除了讓人感到溫暖，同時還帶著當前時尚的感覺。

擁有這種特色，是由於亮先生「掌握著與傳統之間的距離」的獨特方式（大概吧）。他承襲了甲州葡萄酒的傳統，並把全新的品味放進細節之中。如此巧妙的平衡感，正代表了亮先生藉由葡萄酒，呈現出自己的獨特風格吧。

「原本甲州葡萄酒就是採收全熟的甲州葡萄，經過澈底壓榨之後釀成的葡萄酒。因此，風味會呈現出果皮的澀味，以及熟葡萄特有的飽滿甜味。儘管這樣的特色與現今葡萄酒的趨勢相反，但我就是刻意想挑戰這種特色。」

我們來看實際的情況。首先是葡萄的採收時機。甲州葡萄的採收期，比起歐洲葡萄酒的專用葡萄還要長。九到十月這兩個月裡，在不同時間點採收葡萄，釀造出的葡萄酒風味也會截然不同。近來的趨勢是，大家盡可能會趕在前期（九月的上旬）採收。早熟的甲州葡萄具有柑橘類的香氣與酸味，能夠釀造出爽口且高雅清香的葡萄酒。但是，亮先生刻意選在十月中過後才採收葡萄。這個時期的葡萄，不再有刺激的香氣與酸味，因此能夠釀造出沉穩多汁、帶有鮮甜味的葡萄酒。這種多汁的特色，造就了純樸的「葡萄酒風味」。

接下來是葡萄汁的壓榨。近來的趨勢是運用一種叫做「自流（Free run）」的方式，只靠葡萄本身重量自然流出的葡萄汁來釀造葡萄酒，已逐漸成為主流。這一種「不施加壓力的方式」，能夠釀造出清新口感的葡萄酒。然而，亮先生在知道主流趨勢的情況下，仍「刻意」採用強力壓榨的方式榨取葡萄汁。由於強力加壓，葡萄汁裡帶有果皮的澀味。但是，亮先生並不把這種澀味當作「雜味」，而是重新定義成更豐富的「層次」。

丸三葡萄酒有一款非常受歡迎的品牌「釀造甲州（醸し甲州）」，其中有著更複雜的運作方式。在準備發酵之前，會先經過一道名為「釀造」——不壓榨葡萄，連同果皮一起發酵數日——的程序，就像日本酒中以傳統方式釀造的生酒母，或是像味噌、醬油在木桶中釀造促成「複雜風味的發酵系統」一樣。亮先生的這款釀造甲州在經過這道程序之後，風味不像一般輕盈清爽且容易飲用的白酒，反而有著鮮味、澀味、醇厚、酸味，再加上葡萄的甜味，彷彿銅管樂器重疊在一起演奏般。它與日本和食搭配起來非常對味，是值得推薦的一款佐餐酒。

亮先生以獨特的品味，「打造葡萄酒細節中的新趨勢」，具有「適度的醇厚」與「容易搭配日式餐點」的特性。如果拿來比較上一代的甲州葡萄酒，亮先生的葡萄酒較為順口，口感也比較深沉。由於讓酵母盡情地發揮作用，再加上適度地控制管理發酵，使葡萄酒的風味從過去的「土裡土氣」蛻變成「瀟灑脫俗」。

「我當然知道最近葡萄酒的趨勢。但是，我比較有興趣的是，在甲州葡萄酒的類別中，能夠發揮到什麼程度，才會受到大家的歡迎。有許多人覺得外國葡萄酒很好喝，我也想釀造出讓大家產生『甲州葡萄酒真是美味極了』的感想。對我來說，甲州葡萄酒的傳統是一種『限制』，但同時也能夠『藉此展現自己的獨特風格』。」

亮先生展現的態度，與他熱愛的斯卡音樂有許多共通之處。斯卡音樂發源自牙買加，是擁有特殊節拍的音樂類型，後來還衍生出另一種稱為雷鬼的音樂類型。斯卡音樂是由信奉拉斯塔法里主義（Rastafarianism）的牙買加原住民聆聽的宗教音樂，融合了美國的爵士音樂，擷取「傳統與創新」的優點。在一九六〇年以後，從牙買加傳遍世界各地，甚至結合了靈魂、搖滾、龐克等各種不同音樂風格的元素。

重視原始傳統，並且融合新趨勢。

這正是斯卡音樂的精神，同時也是亮先生釀造葡萄酒的概念。結合新趨勢，突破原始傳統的「束縛」；這種魄力正是打造文化的關鍵呢。

接下來，在葡萄酒釀造過程中，我們來看亮先生的工作方式吧。從夏天到秋天這段準備釀造工作的期間，我造訪丸三葡萄酒的釀酒廠，他一邊聽著斯卡音樂，一邊快樂地工作。葡萄酒釀造的工作屬於重度勞力工作，然而他總是怡然自得。

「這份工作真是讓我快樂無比。我每天從葡萄園眺望勝沼的景色，心中總是充滿了幸福的感覺。我努力培育優良的葡萄，用心將這些葡萄釀成美酒，只為讓造訪酒廠的顧客能夠品嚐美味可口的葡萄酒。自己從事著什麼工作？這是再清楚不過的事情了。就好像寫了一首動人的曲子，在演奏會上能讓聽眾情緒激昂。音樂帶來的這種簡單樂趣，我同樣也在釀造葡萄酒的工作中深切體悟。」

正如亮先生所言，葡萄酒釀造從原料——葡萄的栽培、發酵過程的管理、熟成，以及到最後的裝瓶，釀造家必須仔細管理所有的程序。儘管是重度勞動工作，但完成好酒的感覺卻是難以形容的。像丸三葡萄酒這樣的在地葡萄酒廠，由於是小型規模，因此必須一手負責「全部」的工作。如同一個人組合所有的零件，把世界觀整合在一個成品裡。正因為有了「全部」，才能顯現出工作中的每一道程序、每一個細節的重要意義。這與音樂是相同的，按照每一種元素的最佳情況，組合編排成一首曲子，使人聽了產生「愉悅的感覺」。但不管集合了多麼優秀的音樂人，若是演奏得七零八落，這種音樂依然無法使人產生「愉悅的感覺」。假如大家能夠共享同一個世界，藉由自己的特色刺激彼此而產生火花，進而同心協力，就能共同演奏出一首更棒的曲子吧。

這種以自己的特色刺激彼此而產生火花，可以延伸至勝沼土地的整個區域。

「勝沼地區的釀酒廠經營者，彼此之間的感情都很要好。經常會舉辦共同研習營，一起品嚐比較對方的葡萄酒，並且在技術上進行交流。大家在這裡並非競爭對手，而是夥伴的關係。雖然我重視傳統而釀造葡萄酒，但也會以釀造出歐洲般的葡萄酒為目標，無論釀酒廠的規模大或小，每一間都各自擁有不同的特色。在這樣的情況下，更能看清楚自己的定位。」

我聽了亮先生的這番話，腦海中浮現的依然是斯卡音樂。

在斯卡音樂的初期，身為創始者的The Skatalites樂團[53]，在發源地牙買加建立這種音

53. 1964年成軍的傳奇斯卡樂團。把美國傳入的爵士、R&B等音樂類型，結合牙買加民謠Mento與卡里普索音樂Calypso等當地原住民音樂，創造出獨樹一格的音樂風格。

釀造家檔案　#4

山梨縣甲州市勝沼

丸三葡萄酒／釀造家：若尾亮先生

【釀造】	**葡萄酒**
【釀酒廠特色】	**以當地種植的葡萄進行釀造** 使用甲州葡萄為代表等在地培育的葡萄
【主要菌種】	**酵母、乳酸菌** 酵母→購買葡萄酒釀造用的酵母 乳酸菌→存在於釀造廠中的乳酸菌
釀造家認為的 【發酵平衡】	**釀造技術 2：原料 7：微生物 1** 好壞幾乎取決於葡萄的品質
【休假時間會……】	**參加現場演奏或 DJ 活動** 其餘時間與孩子悠閒地玩耍……
在心目中 【日本酒是……】	**山梨的在地酒**

樂風格；而英國樂團The Specials[54]把搖滾風格融入斯卡音樂中；美國的Sublime合唱團[55]也將嘻哈音樂與靈魂樂與斯卡音樂結合。這群風格迥異的音樂人所創作的斯卡音樂擁有共同的根源，在不斷地切磋琢磨之下，使斯卡音樂成為廣受大眾歡迎的一種流行音樂文化。

或許，甲州葡萄酒目前的情況也是如此。大家共同擁有持續一百五十年以上的傳統文化，有人努力深耕在地葡萄酒文化，也有人以進軍世界為目標。其中有溫柔輕鬆搖擺的爵士樂，也有龐克咆哮的搖滾樂。擁有如此豐富的多種面向，才得以確保文化的多元樣貌。

就像亮先生這樣新世代的甲州葡萄酒釀造家，大家一起分享「共同打造文化的喜悅感」。這份欣喜雀躍不僅只是繼承歷史，還包括了每一位釀造家創造出自己的歷史，帶來工作上的充實感。

手工釀造的意義

看過活躍於日本酒、味噌、醬油、葡萄酒，這四個不同領域的釀造家，他們的身上出現了幾項共通點。

首先是「手工釀造」的意義。四位釀造家，雖然在經營規模與釀造法上各有不同，但他們卻強烈主張「透過人類的雙手來釀造」。如果只以技術層面去看，不管是酒或調味料，都能百分之百透過機器自動化生產。實際上，許多在量販店隨手買到的發酵食品，並不會透過釀造家的雙手釀造。

如果自動化生產的發酵食品美味可口當然很好，但老實說，我幾乎沒吃過感到「心動」的發酵食品。所以，我並不是一開始就優先選擇「手工釀造」，而是因為想找到讓自己「心動」的發酵食品，最後才會發現「手工釀造」的選擇。

會出現這樣的結果，自然有它的原因。首先，透過人的雙手細心微調，釀造完成的發酵食品中，具有「特性」與「微妙差異」。這正是釀造家所打造出的特色。正因為創造出

55.. 54.

英國搖滾樂團。音樂中融合斯卡與龐克，因而稱為TwoTone，並以此建立其音樂風格。90年代在美國受到狂熱愛好者支持的樂團，其特色為混合多種音樂類型。

令人無法預期的風味，消費者不知不覺地受到吸引，心中好奇產生了「問號」，因此才會想刻意買來品嚐。

接下來是釀造家把訊息明確地傳達給消費者這一點。發酵食品的樂趣，就在於透過品嚐與釀造家進行對話。釀造家把自身的感性與美感，傳達給消費者，這一點實在非常迷人。透過發酵食品與釀造家互動交流，充滿樂趣與奧妙。

最後是發酵食品特有的元素。藉由手工釀造，能夠促成非常「複雜」的發酵系統。透過未知的微生物、未知的代謝作用，更能夠增加風味中的「特性」與「微妙差異」。如果釀造家掌控失誤，這種「複雜」可能會產生混雜的風味；但若是控制得宜，反而能突破釀造家最初的預期，產生令人驚喜的風味。就像我觀察新政的首席釀酒師古關先生的工作情況，發現他在「挑戰風險的過程中」總是充滿了喜悅。倘若在釀造時，把無法預期的未知因素排除在外，大家在工作現場的熱情就不會提升，如此根本無法稱之為創造，只不過是一般的例行性作業罷了。在沒有創造力的職場，釀造家的熱情將會消失，尋找工作價值的年輕人也無心待在工作崗位上。隨著釀造家年邁老去，企業一點一滴流失顧客，最後恐怕將逐漸走向毀滅。

釀造家「手工釀造」的產品，比起自動化生產的資訊量還要多。包括：不確定的特性、微妙差異的風味。這些不該是排除在外的干擾因素，而是為了增加釀造家與消費者互動交流的「祕方」。

人類費盡心思的創意手工釀造並非只是一成不變，只為維護傳統的「堅守」，而是為了創造全新價值的「一大進擊」。

既然要做好一份工作，就一定要愉快地做好它。竭盡全力付出的每一道程序必定有它的價值。希望在這每一個過程當中，都能夠充滿驚奇與喜悅。

在酒與調味料中觀察傳統與革新

這四名釀造家之中，日本酒與葡萄酒屬於嗜好品，味噌與醬油則是調味料。若試著比較這兩大類，就能發現在設計的目標上有著微妙的差異。嗜好品的創作關鍵在於「驚艷」與「新價值觀」。就像現代美術一樣，釀造家會特別意識產品的系統，發揮自己的本領，釀造出與上一代不同的驚艷產品。換句話說，他們相當重視「持續改變」這一點。比方說，新政的古關先生雖然繼承了生酒母的傳統技術，目標卻放在釀造出過去沒有的新奇獨特日本酒；丸三葡萄酒的亮先生雖然堅持使用經典原料甲州葡萄，卻釀造出了摩登時尚的葡萄酒。

相對地，若仔細觀察調味料，就會發現「刻意不進行大幅改變」的想法確實符合現代需求。在日本，味噌與醬油是每天必定會使用的「日常用品」，也是一種「料理的基準點」——決定每一天的餐桌上呈現出什麼風味。倘若此基準點不斷地改變，做料理的人一定會無所適從而混亂不已。五味醬油的仁先生如果想改變，一定可以開發出全新的味噌，然而他卻不會這麼做。不管在哪一個時代，維持不變的味道是重要的事。Mitsuru醬油的城先生，目標放在回歸原點——祖父時代的經典風味。在九州，甜口醬油並不是主流，城先生始終堅持以正統的濃口醬油為「基準點」。

「不過，充滿創意與品味的年輕優秀釀造家，一直重複相同工作與實驗，不會覺得無聊嗎？」

這真是一個好問題。其實，仁先生與城先生並沒有放棄新的挑戰。他們守護著經典主流的味噌與醬油。不同的是，他們重新設計出了新的情境，使用這些調味料的各種實際情境。例如，五味醬油舉辦了自製味噌工作坊；城先生則與餐廳一起舉辦活動，同時也提出許多使用醬油的建議方案法。要是嗜好品能為產品本身帶來革新，那麼能為傳統產品的周邊帶來革新的，就設計出調味料如何符合現代性釀造家為了嗜好品不斷地改革創新。也就是，運用各種巧思，讓傳統調味料為周邊帶來創新，設計出各種符合現代飲食的調味料使用方法。

發酵是人類的象徵

新世代的釀造家每一位都很會玩耍。

五味醬油的仁先生擅長玩滑板；丸三葡萄酒的亮先生擅長玩音樂。城先生最愛的莫過於日本酒。對於有魅力的事物、美味可口的食物，他們都擁有好品味，並且樂在其中。無論是酒或調味料，這些食物都能為餐桌增添美麗色彩。過去，大家或許只求有酒能醉、料理有味就會滿意。然而在這個時代，酒或料理若是無法令人豎起大拇指，就難以成為人們的首選。

人們要求產品必須具有美感，就等於要求釀造家必須具備高品味。這些品味則是在玩耍過程中培育出來的。唯有嚐過美味可口食物的人，才有辦法製造出美味可口的食品。

四位釀造家在淡季或工作之餘，都有各自樂在其中的興趣。這些興趣不只是為了暫時喘一口氣，而是為了培養品味所保留的時間，如此才能釀造出更好的產品。隨著科技進化，現代的釀造技術已發展至標準化，若工作只是一味地拚命苦幹，並不會產生任何價值。除了努力經營事業之外，若能透過玩耍培養並磨鍊品味，往往能夠創造出標準化產品無法仿效的獨特價值。

就這層意義而言，新世代的釀造家除了是掌控技術的工匠，同時也必須不斷進化，成為創造價值的表達者。他們並不會遵循過去業界的常識或市場需求，而是培養能力，以自己的價值觀創造出全新的標準。

這群釀造家樂在玩耍、樂在思考、樂在工作，大家開心地享受一切。對他們來說，工作就是玩耍，玩耍也是工作。此外，他們還會仔細傾聽——身為顧客的人類、掌管發酵的微生物——所發出的聲音，竭盡全力地做好釀造工作並堅持自己的品味；這群釀造家正是掌握未來文化的舵手。

「科技不斷日新月異，發酵文化會有什麼樣的未來呢？」

我曾經在活動中被問到這個問題。我認為，答案就在這次介紹釀造家的釀造過程裡，以及他們的工作哲學之中。透過玩耍不斷地磨鍊品味，並持續創造出全新的價值標準。透過自己的雙手觸感，巧妙地創造出發酵中的微妙變化與複雜性。藉由原料與微生物的力量，欣然迎接無法預期的驚喜結果。這一切無法按照自己最初的預測與計畫，必須一邊釀造一邊思考，一邊感受一邊改變；不斷地提高品質，同時改變品質的定義。相信自己的同時，將一切託付給看不見的自然力量。

抱著決心與喜悅，飛向充滿不確定性的自然微生物世界。

是的。所謂發酵，正是人類的象徵。

COLUMN 7

發酵風潮示意圖

回顧過去，我開始推廣發酵相關活動時，就像餐廳供膳的阿姨逢人就問：「小伙子，要不要來一起自製味噌啊？」當時，年輕人對發酵的興趣幾乎為零，我正是在這樣的情況下開始。提到發酵，似乎就會聯想到「喜歡美食的大叔、把重視健康當作興趣的阿姨」。

後來大約過了十年，進入二〇一七年。

我在時尚流行雜誌與生活健康雜誌撰寫發酵特輯，介紹我所推廣的活動。同時，也接受東京都內藝文空間或民間科技企業的邀約，在活動教室舉辦自製味噌或品酒的工作坊。我覺得發酵已超越飲食與健康的時事話題，逐漸地形成一種「文化」。

那麼，「發酵風潮」又是如何發展而成的呢？我以自己的方式進行分類整理。

就結構而言，主要以四個關鍵字分成四大區塊，每個區塊再細分各個類別。接著來介紹這張圖表，同時確認發酵風潮的現況。

⦿有機

最初的轉折點是在二〇一一年之後。許多人對環境與自己的生活環境感到不安，於是對發酵產生興趣。這些人並非把日本酒或

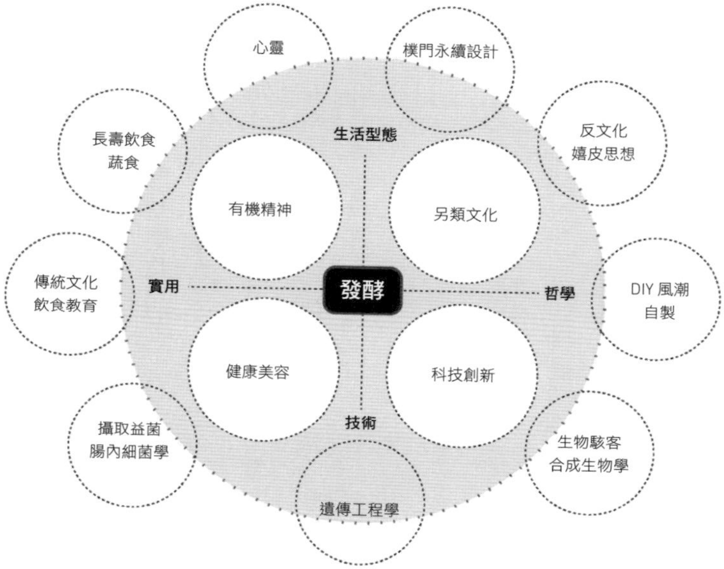

和食視為愛好的大叔或阿姨。活動裡很多參加者都是年輕的母親、教育相關者或在偏鄉從事第一級產業的人。

概括地說，這些人重視有機生活，包括了長壽飲食、蔬食主義的實踐者，關懷傳統文化的傳承以及對精神世界產生濃厚興趣的人。他們從發酵解讀到未來的趨勢，也希望能藉此重新認識自己身邊的文化。

⊙美容

雖然有點太慢，但接下要來談美容與發酵的關聯。許多人常吃發酵食品，希望維持體內環保，以及健康與美麗。事實上，這與研究技術的進步有關。過去，人體腸道細菌環境與皮膚菌叢的原理機制始終是個謎。然而，隨著醫學研究的進步，發現微生物能夠控制並平衡人類的體質。因此，除了營養保健食物，美容保養還能延伸到發酵食品上。

重視有機食物的人，會很明顯地與一般人不同，除了看起來神采奕奕、容光煥發以外，對任何事情相當主動積極，學習意願也非常高。每次在我的活動中，總會出現一、兩位發酵美女呢。

⦿生活型態

會有這本書的誕生，是在《*SOTOKOTO*（ソトコト）》雜誌刊載的特輯「關於發酵的冒險」，以及許多忠實讀者支持的文化雜誌《*SPECTATOR*》的「發酵的醪」之後，發酵在文化與生活型態中備受矚目。隨著重新認識在地文化，對於越來越重視以樸門永續生活設計（Permaculture）[56]為主的農業生活型態、以其精神對抗主流文化的人們來說，相信發酵也扮演著重要的角色。

在這樣的脈絡下，發酵超越了生物學現象的範疇，並作為一項能夠重新審視人類社會的哲學方法，發揮重要的功能。本書主題「發酵文化人類學」，正是在這樣的脈絡下所誕生。

⦿創新

這是最新的趨勢。大約從二〇一五年開始，科技產業與創意產業的先鋒企業陸續前來接洽，表示「對發酵有興趣」。我問了他們才知道，「生物科技是緊接在資訊科技之後的新趨勢」。這是因為生物科技在美國與歐洲某些國家正發展得如火如荼。

由於基因改造的技術越來越發達，人類開始利用微生物生產各種有益物質，期待促成二十世紀大量消耗化石燃料之後的產業轉型。

同時，生物產業也像科技產業，成為許多資訊科技愛好者追逐的目標。

隨著分析DNA與培養細胞技術的成本大幅下降，連大學研究室以外的人，似乎都能編寫程式碼去操縱微生物的生命。這種以科技業的資訊素養入侵生物學的生物駭客（Biohack）潮流，該不會也已在日本流行吧？帶著這種期待並結合發酵風潮，這幾年或許會成為一種趨勢吧。順帶一提，這項趨勢與自造（FAB）或自造者運動（或稱Maker movement）是相當理想的搭配組合。

我試著製作這張發酵示意圖後，對於聯結各種多樣的相關主題感到非常驚訝。這些都是我在學習發酵之後不曾想到的事情。

接下來，在如此廣泛的領域中，發酵設計師的下一步該怎麼走呢？

以我個人的立場而言，我將以正統發酵學的系統為主，盡可能地開心分享生物科技的新趨勢與文化潮流，讓更多人能夠認識發酵的相關事物。

56. 「樸門永續設計」是一種自然互利共生的環保哲學。「樸」代表大自然的簡樸精神，「門」是指方法。樸門農藝是指永續農業。「Permaculture」由Permanent（永恆的）、Agriculture（農業）、Culture（文化）三個字組成。

PART 7

よみがえるヤマタノオロチ

再次歸來的八岐大蛇

～發酵的未來，就是人類的未來～

本章提要

第七章主題是「生物科技與人類未來」。
本章將比較最先進的生物科技與傳統發酵技術，探討今後我們該如何面對生命。身為發酵者，是否能善用八岐大蛇的寶劍呢？

主題

□冷漠的社會與熱情的社會
□基因編輯技術CRISPR
□人類可以控制生命到什麼程度？

夾在回歸原點與革新的中間

人類肉眼看不見的自然——這場微生物的旅程，終於要走到尾聲了。最後，我們一起來思考發酵者的未來。前一章也提到，發酵這個關鍵字，在各個領域上都已經開始相當受到矚目。這不會是曇花一現，因為與我們未來有關的本質問題，都包含在「發酵」的概念之中。

為何我們會如此重視發酵？這種肉眼看不見的自然現象，能夠從中找出什麼呢？

說到這裡，請大家回想本書一項重要的主題——「自然對人類的雙重含義」。地球出現人類之後，人類面對大自然往往有兩種面向。大自然是人類「崇拜、付出犧牲的神」，同時也是人類「貪圖自己的方便，奪取好處的對象」。人類這種對自然的矛盾情感，就如同對神明的情感一樣。古代的日本人收割完稻米，釀成酒獻祭給神明時會誠心祈禱：「我們獻祭了上好供品，祈求天地風調雨順、四時無災，無饑饉之憂，無天地異變之苦。」

同時，心裡打著如意算盤：「今年大豐收實在Lucky！明年我還要收穫更多喔。」

我們人類畏懼自然，同時也想要征服它。豐穰與飢饉、祈禱與奪取，就像一枚硬幣有正反兩面一樣。

這種雙重含義同樣投射在發酵——也就是在微生物這種看不見的自然——與人類的關

係之中。

COLUMN 7我從各個角度切入二〇一七年的發酵相關熱門關鍵字。比方說，若剖開示意圖中「有機精神」的區塊，就能明白它象徵「回歸自然與人類原始關係的起點」。若剖開「科技創新」區塊，會發現它是「生物科技最前線」的重要課題。這兩個區塊分別代表「必須持續守護的傳統」與「創新技術的革命」，它們位於座標圖上完全相反的位置。

在「自然派」標籤上的味噌與醬油中，標語上寫著「工匠的精湛技藝」、「純天然有機原料」。相反地，另一項運用生命工學的尖端技術產品，標語則寫著「運用微生物代謝完成的革新素材」，強調了十足的未來感。

運用江戶時期的方法來釀酒，以及藉由微生物的能量讓汽車上路。從這兩者「對人類有益的微生物作用」的意義來看，無論哪一種都可說是「發酵」。兩者不同的地方在於，人類對微生物——看不見的自然——的態度與立場。

冷社會與熱社會

接下來，我們又要再次請法國的文化人類學者李維史陀上場了。他提出「熱社會」、「冷社會」的對比，與第二章提到的Bricolage並列為重要的概念，非常適合用來解釋現代的發酵文化。

簡單來說，熱社會就是呈直線般的進化社會——今天比昨天更好，明天會比今天更好。它是一種歷史進化發展的社會觀，經常以批判現狀的方式看待事物，不斷改良以求進步，並以此作為人類生活的原動力。換句話說，它是我們現在活在「現代文明」中的一種典範；時時刻刻尋求變化，所以稱之為「熱社會」。

相較之下，冷社會就是「呈圓環狀般的循環社會」——如同庫拉的交換儀式一樣，人類在同一個循環社會中，將永續發展當作目標。倘若財富或權力產生偏差，造成變化或紛爭，誇富宴這項制度就能夠發揮作用，讓偏差的現象重置歸零。很明顯地，文化人類學者將其視為「文化未開」的典型，因為本質上並沒有出

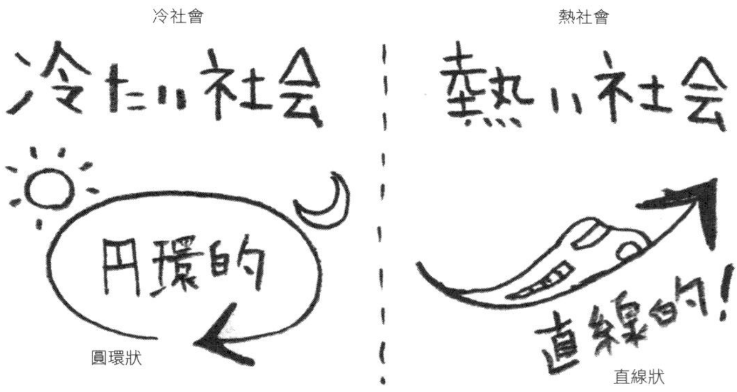

現變化，所以稱為「冷社會」。

李維史陀的目光敏銳，他並非以近代文明立場輕蔑原始部落、把冷社會視為「未發達的事物」，而是洞悉原始部落具有「所有文化的基本運作原理」。因此，我們不難想像冷社會隨著人類的發展，逐漸進化成熱社會。無論人類社會如何期望改變，大家渴求循環、永續的情感以及習俗，仍然是社會深處的一條伏流。李維史陀向世界提出這項觀念，距離現今已超過五十年以上，它正是我們人類面臨「現代文明兩難」的一道反射鏡。話說回來，這些文化人類學的巨人，每次提出的思想總是超前領先，實在叫人驚訝不已。

由於物流發達與人工智慧的進化，改變了人們的生活型態，國家與國家之間的屏障正逐漸消失。但另一方面，有人擔憂先進技術發展過頭，因而主張永續性與多樣性。假如我們現代人從頭到尾都是活在熱社會的新人類，根本不會提出「守護傳統」或「打造永續發展社會」的想法。要是一切以進化至上，永續或不永續的問題就毫無所謂。然而，我們在民族的根源中尋找自己的身分認同，夢想著「與自然共生」，才會反對道路建設與填海造陸。現在，人類所處的地方說不定是一場騙局，希望我們能夠在過去的歷史中，找到「應該回去的地方」。因此，這種提倡「回到冷社會去吧」的反動思維，戳中了許多現代人的內心深處。

這種反動思維並不是浪漫主義，而是非常實用的生存之道。冷社會是封閉的。人類在有限的地方，靠著僅有的資源生存下去。快速發展與巨大紛爭將導致資源枯竭。人類舉辦盛大的祭典或誇富宴，藉此阻止財富累積，維持適當的人口規模，透過贈予的系統來防止紛爭。在歷史的起源中尋找社會規範，限制快速發展，最後讓群體的成員生存下來；這正是文化人類學世界的道理。

在現代社會中，所有能夠開發的疆域已被開發，開發中的國家逐漸變得豐裕。事實上，這些國家與特羅布里恩群島一樣，逐漸變成「封閉的國家」。如今，人們為了快速地發展，能夠取得資源的外部世界已消失殆盡，許多人對此產生疑慮，再這樣繼續發展與擴建，難道不會過於勉強嗎？

另外，還有人提出一種構想，突破逐漸封閉世界的侷限，並不需要回歸冷社會，而是運用「最佳化的革新技術」。好比石油消耗殆盡，就以太陽能或風力發電轉換成能源；人口增加問題，就靠創新的農業技術來增加糧食；土壤汙染或水資源枯竭，也都能靠新技術的開發來解決問題；萬一人口增加面臨極限，就試著搬到火星上去住吧。這一種只要技術持續發展進步，就可以無限地拓展「外部」的觀念，某部分屬於真實，某部分則屬於人類的傲慢。

我本身經常在冷社會與熱社會來回擺盪。相信閱讀本書的您一定也是如此。「有機精神」區塊的人傾向冷社會，而「科技創新」的人則傾向熱社會。卻沒有一個人能夠完全擺脫這兩個區塊，每個人都在這當中找到自己的平衡點，並且不停地在兩者之間擺盪。

正因為我們在進化與循環這兩個世界觀中擺盪，才是身為人類的最好證明吧。

拼湊組合與工程學

繼續再來探討一些想法吧。

須佐之男趁八岐大蛇醉倒之際斬殺的一瞬間，如同身為發酵者的人類獲得「征服自然──神」的力量。但同時，人類也極度恐懼這種強大的破壞力。在殺死八岐大蛇後，從尾巴取出寶劍[57]，象徵著破壞大自然而滿足人類社會的終極利器。

57. 稱為天叢寶劍（あめのむらくものつるぎ），是天皇擁有的三神器之一，同時也象徵著天皇的武力。

在傳統的發酵技術中，釀造家仔細觀察微生物與自然現象，打造符合這些特性的環境，藉此使其產生有益於人類的利益。這是人類貼近自然法則的一項做法。我和許多釀造家談到這一點時，他們多半都有這樣的體悟：

「與其說自己做了什麼，還不如說只是協助了自然發揮力量。」

就算不是職業釀造家，業餘人士在釀造自製味噌時，觀察微生物將黃豆轉變成味噌的過程中，也都會帶著敬畏之心。在此脈絡下，發酵者是「偉大自然的一部分」，而釀造發酵食品則是「偉大自然的恩賜」，這可說是自然↓發酵者的贈予過程。

這種觀念其實是和平的，使人感到極為安定平靜。然而，我們人類似乎無法一直停留在充滿和平的世界裡。

Bricolage的概念中，人類會配合大自然的特性製造成品。然而，現代工程學的概念，則是改變自然的特性來配合成品。也就是說，人類不再貼近自然法則，出現了逆轉的現象。人類按照自己的期望，控制了生物的作用。如果無法發揮預期作用，則會改造生物以符合期望。破壞生命並進行分解，若製造出具新功能的生物，就能讓我們的社會更進步，實現更好的生活。現代極度發達的科技，已成為新的「八岐大蛇之劍」，帶給我們便利的生活。

有一種病原菌叫做化膿性鏈球菌，許多人都把它當作可怕的「吃人細菌」。這傢伙的作用猶如鋒利刀片，在生物體內釋放酵素，摧毀生物的生命結構。化膿性鏈球菌一旦入侵體內，會消化組織之間的結構並且化膿，因此才有「噬肉菌」的稱號。

按照常理思考，沒有人會想與化膿性鏈球菌扯上任何關係，因為它實在是太可怕了。不過就在這幾年裡，人類運用這種微生物產生「猶如刀片的酵素」，發明了一項技術，能夠剪輯生物的遺傳資訊，稱之為「基因編輯技術」[58]。彷彿從威脅人類的迷你八岐大蛇身上，取出能左右人類未來的迷你寶劍一樣呢。

用一句簡單的話來說，基因編輯技術就是「剪下與貼上DNA的工具」。它能夠剪斷特定生物的遺傳資訊，並且轉貼到其他的地方，增加生物的特定功能，或者刪除不要的功能。也就是說，這項技術能夠編輯生物資訊（Bioinformatics）。

58. 正確全稱為CRISPR/Cas9。

「嗯?所以這是怎麼一回事呢?請用淺顯易懂的話來介紹啊。」

好的。接下來,我們進入生物學最前線。

首先,為了理解基因編輯技術的原理,必須要先認識何謂DNA以及生物資訊。儘管有人經常語意不清地使用「日本人的DNA……」或「我們公司的基因……」,但DNA其實在科學上有著明確的定義。

首先來看所謂的DNA,就是「記錄著遺傳資訊的聚合物」。

我以一本書來當作例子。書由「文字」寫成,文字是為了傳遞系統的資訊,等同DNA。基因是「一段具有特定

DNA 相關的詞彙整理

DNA:記錄著遺傳資訊的聚合物。

RNA:從 DNA 產生 RNA 的過程稱為「轉錄」。能製造胺基酸。

基因體:生物體內所有遺傳資訊的總和。

基因:基因體中一段具有特定功能的 DNA 序列。

功能的DNA序列」。就像蘋果這個單字，由「蘋」與「果」兩個文字而成，具有「特定功能」，指的是一種紅色帶著甜味的水果，把它想像成基因。接下來，由許多基因資訊集結組成，寫成的這本書叫做「基因體（Genome）」；基因體就是生物體內「所有遺傳資訊的總和」。

接著，「由哪一些密碼（Code）組成」則是重點。在英語字母表中，主要由二十六個字母組成，一本書能靠這些字母組成；然而在DNA的密碼表中，竟然只靠四個字母（A、G、C、T），就能組成所有的生物資訊（基因體）。

也就是說，DNA只用四個字母的密碼，就能組成遺傳指令，引導生物的生命機能運作。這種運作原理無論在乳酸菌、花草樹木或人類身上，地球所有的生物都是共通的[59]。

那麼，我們一起來看DNA設計生命的具體過程吧。

59. 事實上，有些病毒利用 RNA 當作遺傳物質，但病毒到底是否為生物的爭議仍然意見分歧，因此排除在外。

DNA就像ATP一樣，同時兼具「物質與資訊」兩種特性。以「物質」的層面看DNA的構造，是由磷酸相連而成的兩條長鏈，在長鏈之間有A（Adenine／腺膘呤）、T（Thymine／胸腺嘧啶）、C（Cytosine／胞嘧啶）、G（Guanine／鳥糞膘呤）四種鹼基成對並排著，並且以糖連接長鏈。這兩條長鏈與四種鹼基構成長螺旋梯狀，也就是非常著名的「雙螺旋結構」。若實際動手組合分子模型就會一目了然，各個部分凹凸與角度的連結擁有絕妙的設計，自動構成了規律的雙重

DNA 的結構

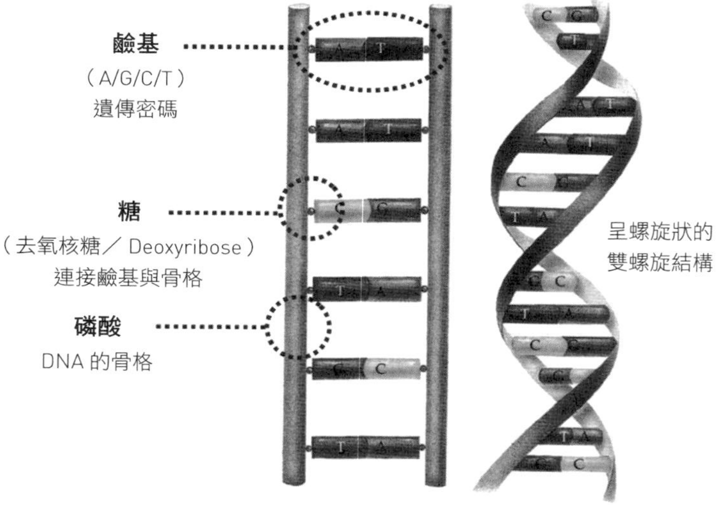

螺旋。想必當初發現此結構的研究者一定非常驚訝吧。

此雙螺旋結構之中夾帶的四種鹼基——A、T、C、G——記載著生物資訊。DNA就以四種鹼基的排列順序來傳遞遺傳「資訊」。比如AGCCTGGTCCATAGCCTTA……這種排列，僅憑四個字母不同順序的排列，就能連接成幾十萬、幾百萬的生物資訊組合，設計出生命的型態與功能。乳酸菌有乳酸菌的排列順序；人類也有人類的排列順序。不過，基本上「排列順序的規則」是共通的。由於有共通的規則，因此乳酸菌與人類之間，能夠進行能量與營養的往來。

DNA是非常簡單且合理設計出的「生命設計圖」。

生命是如何被設計出來的？

接著再繼續介紹。

如果把DNA當作生命的設計圖，這份設計圖又是如何具體地打造出生命呢？這些過程也有一定的規則可循呢。

直接從結論來說，DNA能製造蛋白質。此蛋白質能製造出酵素以及形成生物主要器官的細胞。細胞在活動時會分泌酵素，如果只是單純吸收營養或排出排泄物的是「單細胞生物」（例如乳酸菌）；如果有更多細胞聚集，形成複雜器官的則是「多細胞生物」（例如人類）。單細胞生物與多細胞生物的差別，主要原因在於「遺傳資訊的排列順序不同」。比方說，單細胞生物的典型代表大腸菌，有四百六十萬個遺傳密碼，屬於「短篇」；然而人類卻達三十億個遺傳密碼，屬於「超級長篇」[60]。

那麼，讓我們再進一步仔細地觀察吧。

書本與DNA上的資訊記載，兩者差別在於「雜訊量」。一般書本上記載的文字資訊，全部都具有意義（雖然我這本書很多資訊都沒有意義）。然而，在DNA裡卻充滿一堆無意義的資訊。好比愛說廢話的高中生：「嗯——話說回來，結果，大家好像真的肚子餓了，對不對？」或者，就像不知所云的校長在講臺上致辭：「嗯——那個……重點是，日本的教育問題，也就是那個……」DNA裡充滿了這些不需要的資訊（特別是越高度發達的生物，雜訊量越多）。

DNA作為設計圖，如果要完全發揮功能，首先必須除去這些雜訊。而具有「抑制雜訊」功能的正是「RNA」系統。如果仔細說明其原理會非常複雜，因此我以簡明扼要的方式介紹。RNA的功能，就是「在所有的遺傳資訊中，剪下有意義的部分，當作製造生命的指示書進行轉錄」。

嗯——有點難懂吧。那麼，我拿過去在保養品公司工作時的例子來打比方吧。

那間公司的社長總是突發奇想，提出許多了不起的創意，但是員工完全聽不懂社長在說什麼。因此，副社長把這些話翻譯成大家聽得懂的內容，讓大家聽了「恍然大悟」之後，就能夠在現場依照指示工作。請大家把這位「突發奇想的社長」想像成DNA，而「協助翻譯傳達內容的副社

DNA 能製造蛋白質

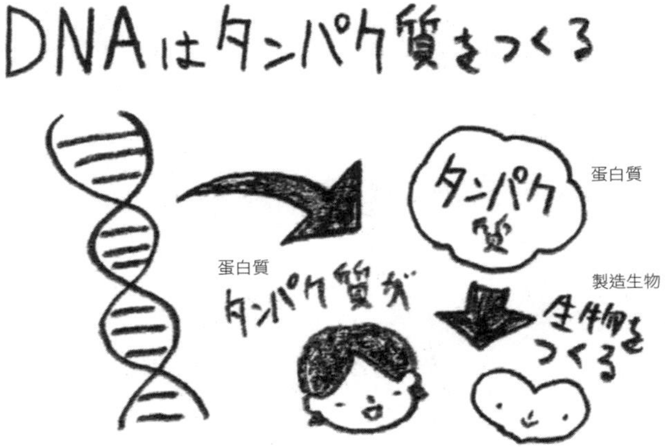

60. 實際上，有些生物比人類的遺傳資訊還要多（特別是植物）。因此，我們無法以遺傳資訊量的多寡，斷定是否為高度演化的生物。

長」則是RNA。

依據「副社長（RNA）翻譯的指示內容」，就能把資訊轉換成物質了。所以藉由RNA的指示書，可以製造出「胺基酸」。此胺基酸全部共有二十種類，按照DNA記載的字母排列順序，來決定製造哪一種胺基酸。胺基酸不斷地製造排列出來，彼此會互相附著、串連成一個長鏈，這些長鏈被拉往各個不同的方向，形成複雜的立體物。長鏈摺疊交纏而成的立體物，就是「蛋白質」。此蛋白質能成為細胞，建立生命體的構造；而一部分特殊的蛋白質會成為酵素，控制生物的代謝。

社長提出突發奇想的商品創意，副社長將創意翻譯成指示，現場員工則製造該商品的各個零件，接著聚集這些零件並組合成為商品，公司就能運作下去。藉由這樣的過程，DNA就能發揮生命的功能作用。

仔細觀察DNA的作用，就會發現每一次只會翻譯部分的遺傳資訊，產生特定的蛋白質，以及製造出特定的物質與酵素。乳酸菌有特定的字母的排列順序，才會生產分解乳酸的酵素。具有這種特定作用的字母排列順序稱之為「基因」。酵母有製造酒精的基因；麴菌則有製造甘酒的基因；長頸鹿有脖子變長的基因；人類則有決定能不能喝酒的基因。只要分解基因的生物資訊就能取出「程式密碼」，就像設計網頁時的超文本標記語言

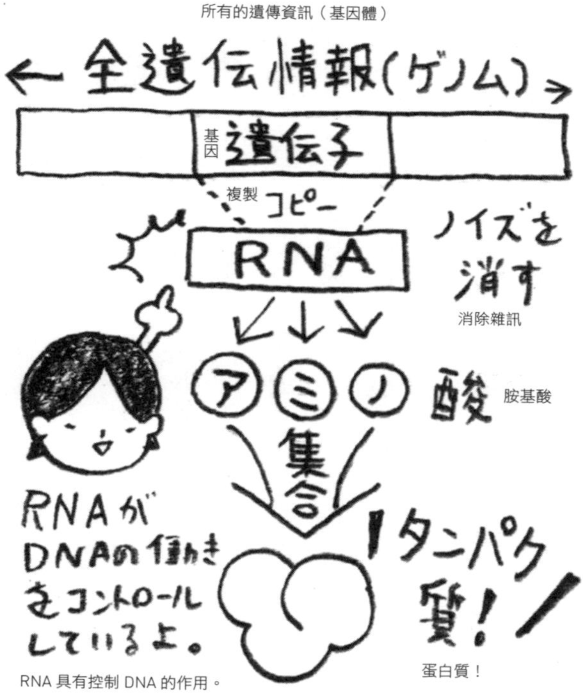
所有的遺傳資訊（基因體）
全遺伝情報（ゲノム）
基因
遺伝子
複製
コピー
RNA
ノイズを消す
消除雜訊
アミノ酸
胺基酸
集合
タンパク質！
蛋白質！
RNAがDNAの働きをコントロールしているよ。
RNA 具有控制 DNA 的作用。

HTML，以及製作系統時的JavaScrip程式語言碼一樣呢。正如同許多程式碼編寫而成的網頁與系統，許多基因組合之後就能成為生物。

換句話說，生命系統就如同以基因程式設計的「資訊工學」。

基因編集、設計生命

相信談到這裡，大家應該能了解基因編集技術的原理。

前面已大致介紹了「剪下生物的遺傳資訊進行編輯」。總之，這項方法就是從所有遺傳資訊的總和（基因體）切斷「具有特定功能的基因」，移到其他地方。這項技術運用了化膿性鏈球菌具有的「記憶特定的基因序列」、「鎖定記憶的部分並切斷」的特殊能力，將基因資訊剪下、貼上。把基因當作資訊工學般來處理，生物的功能就能像電腦一樣，進行軟體的安裝或移除。

這項技術若適用於生物，就能讓功能不全的基因再次發揮正常功能；相反地，也能讓造成干擾的基因無法發揮功能。而且基因編輯的技術，不僅限於單一生物的遺傳資訊編輯，也能夠在複數生物之間進行轉移。

就像以下圖片所示，原則上我們能把酵母菌製造酒精的功能移植到大腸菌，以及設計出刪除納豆菌會牽絲的功能（實際上類似的實驗已在各地展開）。像基因編輯這種「設計生命」帶來的革新（而且是備受期待的），能符合未來人類期望的改良生物功能，除了食品以外，還能運用在能源、各行各業上，生產各式各樣的材料。

二十世紀，人們在地下挖掘到石油、煤炭與礦物資源，創造了前所未有的巨大產業。然而，這些資源即將枯竭殆盡，在二十一世紀能夠取代石油與礦物資源的，就是仰賴自行無限繁殖的生物，把它們當作源源不絕的資源，讓所有的產業

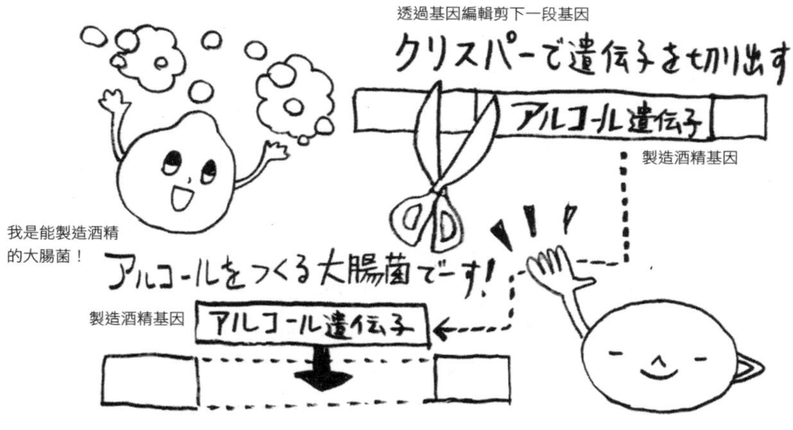
透過基因編輯剪下一段基因
クリスパーで遺伝子を切り出す
アルコール遺伝子
製造酒精基因
我是能製造酒精的大腸菌！
アルコールをつくる大腸菌でーす！
製造酒精基因
アルコール遺伝子

更能夠進一步地發展下去。這正是備受生物科技產業期待的「光明未來」。

這一切都是為了使熱社會加速進化，因而從「外部」取得資源。

假設在這樣的前提下，我們現在不就是從「生命的新疆域」不斷地取得資源嗎？如同一九六〇年代，人類熱衷於宇宙開發一樣；這一次靠基因編輯技術，駭進微生物的生命結構裡，就能取得所有實現文明進化的資源。我認為大概在不久後的將來，土壤中的細菌生產的電力能使汽車奔馳；我們腸道中的益菌能客製化；人類將開發永不罹癌並長命百歲的營養健康食品。

或者，由國家單位執行計畫，設計出能在宇宙空間進行光合作用卻不會死掉的細菌，將它放到火星後製造氧氣，創造出人類能移民的居住環境。包括微生物在內，所有的生物將成為「人類的好幫手」，協助人類社會永續發展。隨著解開過去無法碰觸的「生命奧祕」，一道巨大的「外部世界」大門就此開啟。

試著觀察我們居住的環境，以物質層面來看，僅憑幾十種原子的排列組合，就構成了大氣、海洋、土壤、岩石與礦山等自然環境。甚至在這些環境下，孕育了許多有生命的生物。基因利用胺基酸與蛋白質等生產的機制，進行分子重組，發揮基因密碼的功能。地球環境之所以存在著大量的氧氣，得歸功於藍細菌（*Cyanobacteria*）[61]——帶著能夠行光合作用的基因。農家之所以能夠栽種蔬菜，也要歸功於土壤微生物——根瘤菌（*Rhizobium*）[62]——的基因密碼使其產生固氮酵素（Nitrogenase），把空氣中的氮轉變為氨並進入土壤裡，打造成肥沃的田園。

只任由自然環境發展將無法形成生態系，須以生物擁有的基因發揮作用，設計生態系並在其中孕育出多樣化的生命與遺傳基因。人類學習這種運作原理，就得以駭進生物界的系統，「透過基因密碼去改造環境」。運用基因編輯這種改造基因的技術，生物就能符合人類的期待，變成製造物質的機器，猶如工廠的生產線一樣，運用生命自行增殖的原理去製造物質。

當這些全新生物科技運用在各行各業時，人類與自然的關係一定會變得與過去完全不同。人類對未知生命的敬畏，將轉變為製造產品的風險。宛如母親般的大自然賜予人類類

61. 藍細菌能透過光合作用產生氧氣。大多生長於溼地、水坑、水槽邊緣處，呈現綠色黏膜狀。

62. 這種細菌能把空氣中的氮轉變為阿摩尼亞，提供植物所需要的養分。

恩惠與災厄，將變成計畫下生產物質的工廠。如此一來，人類就會放棄在自然中尋覓神明。而在這一刻，人類會與智人不同，或許將誕生出「新人類」。

基因改造作物或訂製嬰兒[63]讓我們感到最不安的地方，就是對「人類成為上帝」所產生的抗拒感（有一些科技怪傑對訂製生命產生興趣，或許是因為憧憬「自己能成為上帝」）。然而，一旦意識到「神是虛幻的存在」，不管手上握有再先進的科技，依然像特羅布里恩群島部族的人民一樣，對神明有一種無法抬頭的自卑感，只是個在這種折磨下進行各項儀式的舊人類而已。

我認為能夠自由操控生命的新人類並非「超越」神，而是「殺死」神。人類發現大腦創造神的基因密碼，接著卸載、移除，讓自己即使不去意識神的存在，也能生存下去。就在這一刻，或許人類將會跳脫「必須靠每一分子組成的和諧共榮圈」，從李維史陀與莫斯叔叔的「文化人類學的世界」，進入另一個截然不同的世界。

「舊人類不是也很快樂嗎？」對於每天活得悠閒自在的我來說，這實在是無法想像的事。但是身處於微生物的這片新疆域之中，我們正準備迎接人類史上的一大轉折點。

進行麴菌品種改良的日本人

說了這些宛如科幻故事般令人不安的內容後，接下來介紹與我們息息相關的話題。基本上，基因編輯這項技術構想，其實並非新奇事物。近來成為話題的基因改造技術，雖然不像基因編輯要求高精密度，但基本上都是相同的，人們早已運用這項技術。配合人類需求而改造生物，是基因改造的主要目的。更進一步地說，象徵日本發酵文化的麴菌（日本麴黴），或許也是「經由人類改造的生物」呢。

東京大學麴菌研究的權威北本勝Hiko榮譽教授提出一項說法，日本人花了非常長的一段時間，改良麴菌的品種，成為人類容易培養的菌種。在野生環境下生存的黃麴菌（*Aspergillus flavus*）與麴菌極為相似，比較這兩種菌的基因體（所有的遺傳資訊），結果得知有百分之九十九共通的基因。換句話說，黃麴菌與麴菌是擁有相同根源的親戚。那

63. 利用基因編輯技術，修改受精卵的基因，所誕生的嬰兒能夠實現父母的期望，改變外表、智力、體力，以及對抗疾病等能力。

麼，剩下的百分之一到底有什麼不同呢？將兩者進行比較過後，得知麴菌擁有以下特性：

．沒有黴菌的毒素。
．在酒或調味料釀造時的酵素分解能力顯然較強。
．能夠在性質不變的狀態中穩定地培養（複製）。

這些特性全部都是「符合人類方便需求的性質」。然而，為什麼會有如此特殊的黴菌誕生呢？根據推測，是由於過去稱之為「種麴屋（もやし屋）」的麴菌批發製造商，改良了麴菌的品種所以產生的結果。種麴屋會把麴菌的孢子包裝成「種麴」，以粉狀物來販賣。它的起源竟然可以追溯到一千年之前，原來在人類史上已經有奇特的「自古以來持續培養麴菌的集團」（順帶一提，從日本東北到九州地區，目前仍有十來間種麴屋的生意非常興隆）。

「想要改造出麴菌把米分解得更甜，好讓喜歡吃糖的酵母釀出美酒。」

「想要改造適合釀出醬油鮮味的強大麴菌。」

如此一來，就能實現目標，開發出全新的商品。經過幾百年持續改良，曾經是野生不穩定的黴菌，漸漸地像家畜般乖巧，轉變成適合釀造發酵食品的微生物，麴菌。就像馴服野狼變成家犬一樣，種麴屋也把黴菌馴服成家裡聽話的麴菌。於是，它變得溫馴而且能夠大量培養，就成為了日本和食文化的重要基礎。

您閱讀了這些內容有什麼感想呢？

「日本人的傳統智慧好厲害啊！」

「呃……為了人類自己方便而操控微生物，不會覺得很可怕嗎？」

我覺得這兩種意見都是正確的，可以解釋成「與看不見的自然共生」，也可以解釋成「人類單方面地改變自然」。李維史陀就曾說熱社會與冷社會共存於相同的時代、相同的文化之中。倘若如此，看似典型冷社會的日本傳統文化，一定也有與現代人一樣，帶著「朝向進步與改變的期望」，這正顯示出人類本質中的兩種矛盾性格——視自

己為偉大自然一部分的謙虛，以及因自己需求而操控、改變自然的傲慢。

馴服麴菌與控制基因的基因編輯技術，有著一條看不見的線相繫在一起。

何謂「日本式」的發酵？

日本是四面環海的島國，有一半的歷史都處於「封閉的世界」之中。當然，日本還是會與其他國家進行貿易，但僅限於少量的加工品與文物而已。例如建設都市所需的木材、石材，以及從事建造工作的作業人員，完完全全無法從外部取得（羅馬帝國與中國則完全相反）。也就是說，日本只能靠自己國家領土內的資源來維持建設，別無他法。

儘管受到物理條件的限制與風土氣候的影響，日本人仍創造出獨特的人類與自然的關係。雖然人口密度高，依然找出有效方法，讓森林資源或水資源不致淪落於乾枯涸竭的窘境。同時立下長遠大計，以百年為單位，高度善用的林業管理計畫，以及土壤不會貧瘠的水田農法，妥善地經營大自然，使大自然一片欣欣向榮。行遍日本各地，不管再如何偏僻荒遠，我們都能發現人類開墾的蹤跡。未開發的自然僅限於一小部分的離島與深山。在日本，所謂的自然，就是「透過人類雙手整頓的山間聚落或農林地」，這些地方可說是「人類維持著不放過卻也不破壞大自然的關係」。他們不會把自然資源消耗殆盡，而是適可而止地取得對人類有利的好處；這種「適可而止」能夠維持著永續發展性。

適可而止地敬畏大自然、適可而止地利用大自然。我從中感受到猶如宮澤賢治描寫的童話，日本人對大自然那種「體貼的柔軟身段」。基本上，日本人相當感謝大自然帶來恩惠。不過，大自然偶爾會在少部分地區帶來災厄，因此必須確實做好風險管理。日本人期盼能夠持續受惠，因此維護大自然的工作絕不怠慢。

這不是正好反映在對待微生物的態度上嗎？

日本人了解麴菌對人類的幫助之後，就像照顧山間的森林農田一樣培育麴菌。耗費了極為漫長的時光，一點一滴地改良麴菌。但同時，也把麴菌視為神明一樣崇拜，以麴釀成的酒獻祭給神明。

換句話說，日本人並不會把菌當成帶來災厄的惡鬼而澈底排斥它，一旦了解它對人類有所幫助，也不會在短期內就澈底改良並完全利用它。這一種不疾不徐的溫和態度，正是日本社會無法從外部取得資源，卻依然能保持永續發展的一種智慧。

包括麴在內，日本人促使充滿特色的發酵文化變得更上一層樓。在明治時期之後日本走向現代化，研究微生物學的領域與世界歐美各國並駕齊驅，完成了許多創新成果。活躍於明治至大正時期的微生物學者，同時也是實業家的高峰讓吉，在西元一八九四年以一款

「高峰氏澱粉酶（Taka diastase）」的胃藥，在美國與日本暢銷熱賣。這項產品著重於麴菌的消化酵素，並運用了工業化的方式大量生產，可說是「擷取日本傳統與尖端技術兩種優點」的一大發明。高峰讓吉之後，許多人陸續發明運用微生物作用的「發酵產品」，使發酵技術在現代各大產業中具有舉足輕重的地位。

我遇見許多國外的微生物學者，體悟到日本微生物的研究是如何受到尊敬。包括人類腸道環境與再生醫學的相關基礎研究等，日本在這些領域的研究走得非常前面。「日本最棒了！」就連不是很愛輕易吹噓說出這種話的我，每當進入微生物的領域時，都會覺得：「哇——這些研究未免也太厲害了吧！」而感到欽佩不已（當然還有其他國家也像日本一樣非常受到尊重）。包括取得多少專利、研究機關到底有多少間？日本除了重視「量」以外，無疑也相當重視「質」的獨特性。

我認為其中的主要原因，是由於大家繼承了先人「敬畏肉眼看不見的自然」。以某足球漫畫來打比方，對日本人來說：

「發酵菌是好朋友，一點都不可怕呢。」

若仔細觀察，一定能發現藏在某處的優秀微生物，可以製造出自己想要的東西。我們能藉由最先進的科技，將微生物的力量發揮，這正是日本朝向發酵的「光明未來」。

發酵的道路，就是通往人類的道路。

最後來歸納整理重點。

包括發酵在內的生物科技未來，如果只是依賴科學，大概不會有任何新發現吧。科學帶給人類無限可能，卻無法帶給我們「意義」。科學是一種「任何時刻，對任何人都是一種具有普遍性」的學問。就像任何物體在地球上的任何角落，都會受到地心引力的影響；或者像蛋白質的設計，必須取決於DNA中的基因密碼。在這裡，「個人的價值判斷」無法干涉。就算高喊「我要脫離重力獲得自由」，也無法脫離大氣層。但是，科學雖然能夠規定普遍的自然現象，卻無法規定對我個人來說的價值判斷意義。

在此前提之下，我們再次重新思考，發

發酵菌是我的好朋友！

酵到底是什麼呢？

發酵能藉由化學現象去定義；或者透過化學式分解，由微生物的基因所引起的發酵過程。只不過，在我們品嚐發酵食品的感性之中，並不存在任何普遍性。這種感性會隨時代轉變。就像只在那個瞬間、那個場域，才能感受到的「一瞬間的小小漣漪」一樣。

這杯酒真好喝！這碗味噌湯太棒了！感動之際，其中摻雜了物理的現象與虛幻的資訊，驅動了人類的「感性」功能。在這「感性」之中，連結了出生的時代、成長環境，以及與什麼人一起生活的歷史。

甚至，每一個人都是透過自己特有的「感性」與他人交流，一起圍繞在餐桌前，一同品嚐料理，藉此加深彼此的情感。

我們把這種藉由「一起圍繞在餐桌前」的感性交流稱為「文化」。

所謂發酵，就是科學提供人類文化的作法；讓人類掌握看不見的自然，與微生物建立關係，創造日常生活中的喜悅；人類擁有細心觀察自然現象的雙眼，運用創意與精心設計自然的巧手，並擁有一顆樂於分享開創價值的心；這一切正是發酵文化。接著，我們透過發酵文化，解開了人類的不可思議之處，這就是所謂的「發酵文化人類學」。

產生氣泡的葡萄汁並不具有任何意義，而是在人類喝下後感到「好喝」，才開始產生了意義。對於肉眼看不見的自然引起的現象，在人類賦予意義的那一刻，才是真正發酵誕生的瞬間。

此刻，我們順著自然之意，得到了設計的技術。

這項技術是為了「創造更幸福的世界」。然而，能夠提出「何謂幸福」問題的沒有別人，只有身為人類的您與我。第三條道路並非回歸傳統或破壞般進化，它將取決於從科技中尋獲意義的新世代發酵者身上的「感性」。

從南到北、東到西，在日本土地的每一個角落，人們的生活與大自然的恩惠結合在一起，創造並延續了多元的文化。發酵文化人類學的舞臺，是人類與自然交織而成的生活藝術世界。而舞臺上的主角，不是別人正是您。每當您釀造自製味噌時，或與家人、朋友一起圍繞在餐桌前面，承繼好幾千年的接力棒，也將傳遞給下一個世代。

我由衷地期盼，就像釀造美酒一樣，我們也要一起持續釀造美麗的社會。

破眼專欄：書目

第一章

本推薦書目專欄為介紹印證各章內容的書籍與論文。

這些了不起的內容雖然像自己調查的一樣，但其實借重了許多前人研究的智慧。就像饒舌音樂常截取一段音樂做「取樣」，我將揭開這些內容的參考來源。若讀者朋友對某項標題感到興趣，請務必持續深入研究。

另外，一般的學術書籍會在篇章的最後，以註腳與引用的方式彙整，但我希望方便所有讀者容易閱讀，因此以自己的方式解說與重新編輯。

第一章是「人類與發酵的相遇」。

首先，請大家閱讀引領我進入發酵之路的小泉武夫著作的經典《發酵》，有許多專業的內容，並整理出各式各樣有關「發酵對人類的意義到底是什麼？」的實例，是一本非常精彩的書籍。我至少閱讀了十遍以上。從發酵食品文化到環境技術，對於想了解相關概要的讀者來說，是最適合閱讀的書。

本章中有好幾頁介紹了麴與酒的起源，若要了解更詳細的內容，請閱讀法政大學出版局的《物與人的文化史》系列〈麴〉章。這本書將《古事記》到《和歌》等古代文獻資料，以文化的角度去解讀，後半章開始以生物學、有機化學的觀點介紹麴菌的生態，是一本有系統的書。我非常嚮往這種能力，希望未來自己也能夠完整地解說整套系統。

若想了解貫穿全書內容「神＝自然＝發酵者」的複雜關係，請閱讀山口昌男在文化人類學領域上的著名作品《文化與兩義性》，在文明的黎明期中，關於人類的思考、儀式與宗教的起源，這本書有相當深入獨特的見解。

參考文獻

発酵：小泉武夫（中公新書）

麴：一島英治（法政大學出版局）

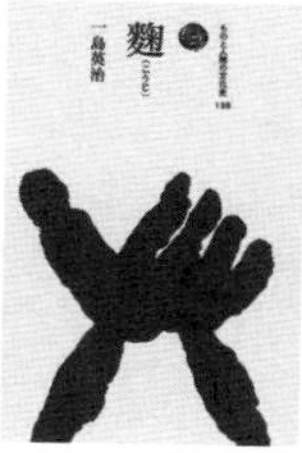

文化と両義性：山口昌男（岩波書店）

・全面掌握亞洲與日本在發酵文化上的關聯

味噌・醤油・酒の来た道：森浩一編（小學館Library）

・認識中國的製麴與酒質

中国の酒書：中村喬編譯（平凡社）

日本・中国・東南アジアの伝統的酒類と麹：岡崎直人（本論文刊載於日本釀造協會誌二〇〇九年十二月號，第九五一至九五七頁）

・認識日本酒的製麴及其歷史

酒：吉田元（法政大學出版社）

・深入了解黴菌以及真菌類的生態

菌類の生物学分類・系統・生態・環境・利用：柿嶌真、德增征二、日本菌學會（共立出版）

・理解人類學中神的起源

The Hero with a Thousand Faces: Joseph Campbell

第二章

第二章以「發酵」來介紹味噌的原理。有關自製味噌的文化，可以參考岩城こよみ的《味噌民俗—我家味噌的力量》，內容非常精彩。這是一本網羅日本各地自製味噌現場的鉅作。作者完成了相大當偉大的成就。

本章主題提到Bricolage的概念，可透過李維史陀的文化人類學經典著作《野性的思維》清楚地了解。雖然日本訂價有點昂貴，但買來閱讀絕對不會有任何損失。

若想認識自製味噌的文化與作法，推薦可參考我首次創作的作品〈得意洋洋的自製味噌之歌〉，和小朋友們一起唱唱跳跳釀造味噌。DVD裡附有動畫與舞蹈教學，能開開心心親手做味噌。

關於本章後面內容出現的開放資源想法，以及打造網際網路文化的方式，靈感皆來自於我的資訊學者朋友，Dominick Chen的著作《打造自由文化的指引—透過知識共享形成創意循環》。

雜誌《*Spectator*》的「發酵的祕密」特輯中，以DIY風潮與發酵之間的關係為主題，採訪了許多釀造家與研究家，並深入探討其中意義。我在雜誌特輯中負責引言並介紹整體內容。

網際網路時代的知識與技術，在共享作

法上有許多相通的地方。看似傳統實際非常先進，我們將持續推動新世代的發酵運動。

參考文獻

味噌の民俗—ウチミソの力：岩城Koyomi（大河書房）

La Pensée Sauvage：李維史陀（みすず書房）

てまえみそのうた：小倉ヒラく&コージーズ（農文協）

Spectator（35期）発酵のひみつ：Editorial Department

フリーカルチャーをつくるためのガイドブック クリエイティブ・コモンズによる創造の循環：Film Art

・澈底研究味噌的博學知識
味噌大學：三角寬（現代書館）

・認識發酵食品的釀造法概要
図解でよくわかる発酵のきほん―発酵のしくみと微生物の種類から、食品・製薬・環境テクノロジーまで：館博監修（誠文堂新光社）

・李維史陀的世界入門
レヴィ=ストロース入門：小田亮（筑摩書房）

第三章

第三章主題是「五花八門的發酵文化」。提到日本各地奇特發酵食品，同時也深入研究風土、氣候以及人類的創造力。

關於酸莖，我從東京農業大學名譽教授岡田早苗博士身上學到許多知識，特別是在東京農業大學應用生物學部發表的簡報非常驚人，能夠看到一連串研究酸莖發酵的成果。期盼不久之後，這些內容也可以彙整成一般讀者閱讀的書籍。

在碁石茶方面，市面上尚未有任何書籍提供一般讀者。不過，如果閱讀與碁石茶同樣藉由相同微生物發酵的中國黑茶研究書《微生物發酵茶：中國黑茶大全》，就能對碁石茶的起源及其特徵有一定程度的了解。特別是書中第五章〈黑茶的化學與微生物〉提到的發酵過程非常值得參考。我想再次前往中國，享受研究茶葉文化的樂趣。

關於臭魚乾，誠如本章正文中提到藤井健夫博士的著作《醃漬海鮮、臭魚乾、柴魚乾》，其第二章介紹了臭魚乾發酵時的微生物叢與抗生作用。另外，在小泉武夫撰寫的抒情散文《臭是一種美味》中，也提到了臭魚乾的臭味。這本散文還出現了其他奇特的發酵食品，有興趣的讀者不妨一讀。

我從二十世紀偉大的義大利設計師布魯

諾・莫那利（Bruno Munari）的著作中學習「從身邊事物尋找靈感」、「限制帶來設計的大躍進」思考方法。有關如何解決問題，可以參考他的著作《物生物》；提升創造力的方法則推薦《幻想曲》。布魯諾・莫那利不僅設計產品，他甚至在繪本中設計各種巧妙的機關。身為設計師，我永遠以他為學習目標。

參考文獻

微生物発酵茶—中国黒茶のすべて：呂毅、郭雯飛、駱少君、坂田完三（幸書房出版）

塩辛・くさや・かつお節：藤井健夫（恒星社厚生閣）

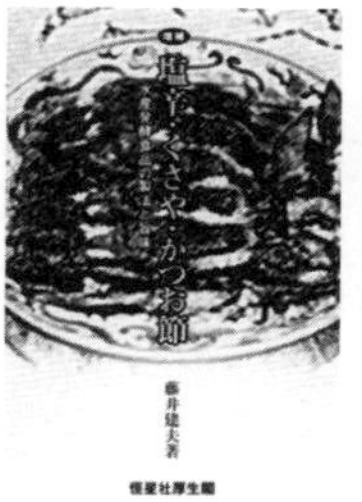

FANTASIA：Bruno Munari（みすず書房）

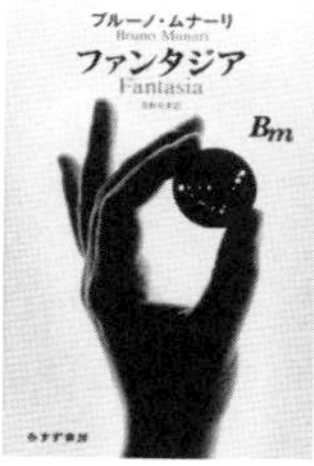

・閲讀日本茶的起源
日本茶の「発生」ー最澄に由来する近江茶の一流：飯田達彦（鉱脈社）

・網羅日本各地的鄉土飲食
日本の食生活ー地域別全50巻（農文協）

・臭魚乾的微生物分析（英語）
PCR-DGGE法によるくさや汁中の微生物相解析：高橋肇、木村凡、森真由美、藤井建夫（日本食品微生物學會雜誌十九期刊載）

・碁石茶製造概要
発酵物語ー高知に伝わる乳酸菌発酵：可爾必思有限股份有限公司發行的小冊子Kin's二〇一〇年八月號刊載

第四章

第四章是「生態系統的贈予之環」。內容橫跨「生物能量代謝」，與「不同文化之間的交換儀式」這二項學問，是本書中最困難的章節，想必大家都頭昏腦脹了吧？

馬林諾斯基的《西太平洋的航海者》記錄了他在特羅布里恩群島，研究各個部族間名為「庫拉」的交換習俗，成為早期研究文化人類學的一部重量級作品。這本書傳達出他在文化人類學初期，如何摸索並運用客觀方法進行研究，以及過去西洋思想對於無法理解文化的困惑與興奮，是一本令人內心澎湃的著名作品。

莫斯運用馬林諾夫斯基的田野調查方法為基礎，考察「人類交換中的諸法則」而撰寫《禮物：古式社會中交換的形式與理由》，同樣在文化人類學中成為不朽的經典名作。我把莫斯叔叔的思考重新整理，撰寫成現代版的這本《發酵吧！地方美味大冒險》，這點可沒有誇大其辭。想了解書中思考來源的讀者，請務必熟讀前面章節介紹的《野性的思維》與《禮物：古式社會中交換的形式與理由》。立刻就會明白：「啊哈！原來小拓借用了這一頁和那一頁的內容，然後混合編排在一起呢。」

格雷戈里·貝特森從精神分析、控制論

（Cybernetics），再到生物學等，橫跨的領域非常廣泛，並以獨特的思想完成《心智與自然：統合生命與非生命世界的心智生態學》、《朝向心智生態學》。我在撰寫本書時，從這兩本書上得到非常多靈感。自然界產生的現象是人類心智活動的基礎。換句話說，我在生態系統中，也發揮了一項名為自己「心智（Mind）」的回應作用。我認為這種思考方式非常近似發酵作用。

有關生物的能量代謝、呼吸，以及發酵的代謝回路，我參考了《微生物學：守護地球與健康》。這是一本微生物學的專業書籍，對於具有生物學與有機化學一般知識的讀者來說，是一本較容易閱讀、門檻較低的教科書。我花了兩個月閱讀這本書，努力學習微生物的基礎知識，而且一口氣把所有的內容都背下來。

貫穿本章的關鍵語——「和諧的共榮圈必須靠每一分子組成」，這句話是取自於以發酵文化為主題的漫畫《農大菌物語》最後一冊。大家除了可將整套漫畫當成發酵世界的入門書籍以外，也能享受其中美好的校園青春故事，就算多年後的現在閱讀，依然毫不遜色並綻放著閃亮光芒，我真的好喜歡這套漫畫。

相信大家從美味可口、有益健康進而產生興趣，一腳踏進發酵的世界，往深處探索，一定能貼近生命的祕密，發現浩瀚無垠的遼闊世界。期盼本書可以成為一扇窗，請您務必一窺「微生物的深奧世界」吧。

參考文獻

Argonauts of the Western Pacific: Malinowski（講談社）

Essai sur le don: forme et raison de l'échange dans les sociétés archaïques: Marcel Mauss（筑摩書房）

Mind and Nature: A Necessary Unity: Gregory Bateson（新思索社）

微生物学ー地球と健康を守る：坂本順司（裳華房）

もやしもん：石川雅之（講談社）

・從微生物的觀點去學習發酵
くらしと微生物：村尾澤夫、荒井基夫、藤井Michi子（培風館）

・探尋生物歷史與微生物的進化系統
Life's Engines: How Microbes Made Earth Habitable: Paul G. Falkowski

・從經濟觀點去思考文化人類學
経済の文明史：Karl Polanyi（筑摩書房）

・透過科學研究酒醉
アルコールと栄養：糸川嘉則、安本教傳、栗山欣彌 責任編集（光正館）

・研究母乳與腸內細菌的關係（參考大衛・米爾斯David Mills的研究）
Mills lavoratory

第五章

第五章是「酒與釀造者的感性」。透過葡萄酒與日本酒，大家是否感受到了釀造酒的深奧之處呢？

若能閱讀葡萄酒研究家、麻井宇介的著作，就能更了解甲州葡萄酒的歷史與技術上的特色。我推薦大家閱讀《葡萄酒釀造的四季》，感受勝沼地區釀造葡萄酒的氣氛，以及本章引用考察日本葡萄酒釀造的書籍、共四冊一套的《比較葡萄酒的文化考察》。

關於日本酒，只要提到釀造之神，就不能不閱讀坂口謹一郎撰寫的《日本的酒》。在一九六〇年代，混合各種添加物的三增酒席捲市場時，這本書是預言「正統日本酒的時代一定會降臨」的名著。只要閱讀它，就能明白日本酒的釀造，是屬於多麼高度的發酵文化。另外，還有一本《世界的酒》，以系統方式彙整世界上的酒，也是必讀的經典作品。

關於釀造者如何認知酒的味道，我深受《*WIRED*》雜誌文稿編輯亞當・羅傑斯（Adam Rogers）撰寫的書籍《酒的科學》啟發。這本書從微生物酵母菌的特徵、威士忌的熟成原理，再到品嚐葡萄酒的大揭密等，是一冊以科學角度探討酒的書籍，相信大家一定能快樂地吸收相關知識。

匈牙利建築設計師哲爾吉（György Dóczi）考察自然界的形態到藝術的普遍性，撰寫《設計的自然學：自然、藝術、建築的比例》，推薦給喜歡藝術與設計的讀者。擔任翻譯此書的是日本設計師／評論家多木浩二，我也深受他的著作影響。

我學習設計與藝術之後，進入發酵世界，發現它們有相當多驚人的共通點，希望能再有機會深入研究發酵與藝術的關係。

參考文獻

比較ワイン文化考：麻井宇介（釀造產業新聞社）

日本の酒：坂口謹一郎（岩波書店）

酒の科学：亞當．羅傑斯（白揚社）

デザインの自然学ー自然・芸術・建築におけるプロポーション：哲爾吉
（青土社）

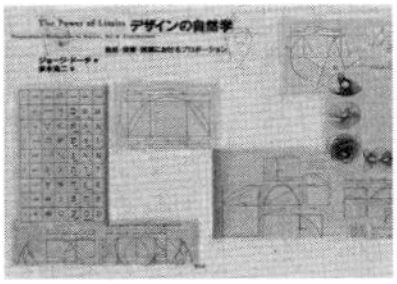

・有系統地了解葡萄酒的釀造方法與風土條件
最新ワイン学入門：山本博（河出書房新社）

・認識味覺構造
人間は脳で食べている：伏木亮（ちくま新書）
味の文化史：河野友美（世界書院）

・勝沼地區栽培葡萄的鄉土歷史
ぶどうの国文化館ー歴史読本：上野晴朗（勝沼町役場）

第六章

第六章是「釀造家的工作方式」。

我們透過釀造家的工作現場，一同思考地區經濟與新世代的工作型態。

我在本章開頭引用宮澤賢治的短篇童話〈狼森與笊森、盜森〉，收錄在《要求特別多的餐廳》一書中。長大成人之後，再次閱讀宮澤賢治的作品，體會到書中從具體實踐的農業體驗到獨特的自然世界觀，深深地受到感動。我認為他絕對不只是童話作家呢！

透過勞動，與神及自然對話的相關內容，我幾乎是現學現賣，一切取自於社會思想史的權威——今村仁司的著作《從事交易的人類》。我認為這是一本以現代思想脈絡去解讀莫斯叔叔《禮物：古式社會中交換的形式與理由》的低調名著。今村老師翻譯社會學者華特．班雅明的著作《拱廊街計畫》，這一本書也改變了我的人生命運。

閱讀與我同世代、從事醬油相關工作的新銳——高橋萬太郎與黑島慶子的著作《醬油本》，就能對日本的醬油文化了解得更透澈。透過本書就能享受醬油文化的樂趣，包括業界規格、醬油的種類、醬油釀造廠的介紹，以及相關小常識等，都完整地收錄在這本書裡。作者擁有相當獨到的眼光與品味。

面對「工作到底是什麼？」的問題時，

我推薦閱讀西村佳哲先生的著作《創造自己的工作》。這本書密集追蹤活躍於各大職場的人以及其工作現場，內容相當扎實。

參考文獻

注文の多い料理店：宮澤賢治（新潮社）

交易する人間——ホモ・コムニカンス：今村仁司（講談社）

醤油本：高橋萬太郎、黒島慶子（玄光社）

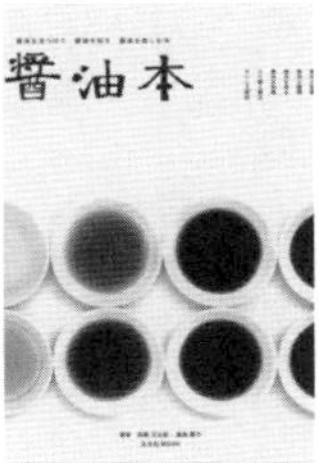

自分の仕事をつくる：西村佳哲（筑摩書房）

第七章

第七章的主題是「生物科技與發酵者的未來」。

本章以廣義的層面研究發酵，從生物科技的角度，論述今後人類應該如何運用科技去對待生命。

有關基因與生命活動的學問知識，我反覆閱讀美國大學廣泛採用的《大學生物學的教科書》。這是一套非常精彩、有相當多圖解的系列叢書。本章提到的內容在第一冊「細胞生物學」與第二冊「分子遺傳學」中皆有詳盡介紹。

全系列一共五冊，若大家熟讀本書，就能培養出一定程度的能力，閱讀最新的研究論文。

關於基因改造與基因編輯技術的內容，我參考了科學新聞記者小林雅一在二〇一六年發行《何謂基因編輯技術「DNA的手術刀」CRISPR的震撼》的大綱內容。日本不久之後，在一般大學的研究室，或許會運用基因編輯技術來控制基因吧。如果大家英語閱讀能力佳，可透過網路搜尋，了解基因編輯技術的運用方式。

想了解麴菌的品種改良相關內容，請參考研究麴菌的第一把交椅——東京大學農學部的名譽教授北本勝Hiko博士的著作《和食與鮮味的祕密》。此外，麴菌的品種改良小故事也曾出現在電影《千年的一滴：高湯與醬酒》裡，相信發酵愛好者大概都看過這部電影吧。

一般認為，發酵文化是傳統文化的象徵；然而只要改變觀點，就能連結最先進的生物科技。雖然人類在技術革新與文化傳承之間擺盪，相信我們一定能夠見到發酵文化的全新進化吧。

參考文獻

大学生物学の教科書：David Sadava（講談社）

ゲノム編集とは何か「DNAのメス」クリスパーの衝撃：小林雅一（講談社）

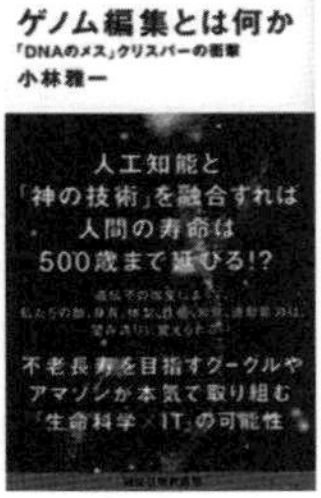

和食とうま味のミステリー－国産麹菌オリゼがつむぐ千年の歴史：北本勝ひこ（河出書房新社）

・認識控制生命的現況與論點

「生命」とは何だろうか－表現する生物学、思考する芸術：岩崎秀雄（講談社）

・以生物科技觀點認識發酵

見えない巨人－微生物：別府輝彦（Beret出版）

・了解生物科技的最新動態

バイオパンク DIY科学者たちのDNAハック!：Marcus Wohlsen（NHK出版）

——後記

展開下一趟冒險吧！

在這趟發酵的大冒險中，大家玩得還愉快嗎？

掀開日常隨手可得的味噌與日本酒這些發酵食品的神祕面紗，我們得以一窺微生物與人類交織而成的奧妙世界一隅。大家遇到生物學與有機化學等專業知識，仍能持續閱讀到這裡，我實在感激不盡。

寫完這本書，我正好停留在奄美群島中，主要是為了調查黑糖蒸餾酒與大島紬的染色技術而來。奄美群島由大小加起來八座島嶼組成，座落在鹿兒島與沖繩之間（有一點像特羅布里恩群島）。從歷史的角度去看，奄美群島曾長期隸屬於琉球王國，後來才被薩摩藩合併。我這次調查的黑糖蒸餾酒與大島紬，其文化是在琉球王國統治下形成的，之後又從九州地區傳遍日本各地，這兩項的產物可說是「異文化之間的橋梁」。

黑糖蒸餾酒是奄美群島的特產品，一種以甘蔗熬煮成的黑糖所釀造的蒸餾酒。混合了米麴與黑糖來製醪發酵，再將糊狀物的醪經過多次蒸餾，完成酒精濃度高達四十度的酒。我看到這種釀造方式，有一種「與其說是蒸餾酒，更像蘭姆酒吧？」的感覺。然而，我實際參觀當地小酒廠的釀造過程之後，了解到「與其說是蘭姆酒，還不如說是泡盛」。泡盛酒是球琉王朝傳來的蒸餾酒，使用南國獨特而充滿異國風情的黑麴菌來釀造，強烈地反映出東南亞蒸餾酒文化的濃厚色彩。

我所參觀的富田釀酒廠（在當地以「龍宮」品牌大受歡迎），把黑糖摻進與泡盛酒同樣黑麴菌的米麴中混合釀造。這種酒與大型酒廠釀造出帶有清新風味的黑糖蒸餾酒不同，富田釀酒廠釀造出猶如泡盛酒般的黑糖蒸餾酒，它融合了蘭姆酒的高雅香氣與泡盛酒的香醇，這種風味相當令人印象深刻。未經稀釋的原酒濃度達到四十度，在加了冰與水之後，彷彿品嚐到蘇格蘭威士忌一樣的異國香氣，實在是一款非常出色的酒。

大島紬以奄美群島特產的絹織物馳名日本全國。以手工紡製的絲線，浸泡在奄美野生薔薇科的厚葉石斑木樹皮熬煮的汁裡，並混合泥巴固定顏色。此時，厚葉石斑木與泥土的染色液中，會經由微生物發酵產生泡泡。這大概與藍染或柿染相同，透過複雜的微生物作用使色素固定在絲線。可惜的是，目前尚未完全解開其發酵原理。在開始染色時會呈現粉紅色，在反覆多次的染色過程中逐漸變成褐色，最後誕生出大島紬獨特工藝之美的黑色。

事實上，發酵技術除了食品以外，甚至還可以活用在紡織領域。

我追溯大島紬在紡織歷史上的族譜，據說原型是來自於印度與爪哇的絣織（橫向與直向的絲線交織成圖案的技術）。這項大陸文化渡海來到島嶼落地生根，隨著奄美的風土逐漸進化成自己的文化。

參觀一所名為金井工藝的染色工坊時，觀察原料加工與染色的步驟後，領悟到原來離島透過紡織品與染色的文化，與亞洲文化一脈相連。

「等一下！怎麼會在後記中提到這一點呢？不是該講一些總結性的內容嗎？最後請做個俐落的結尾吧。」

不是啦，我還是會好好總結內容，最後會提到這些內容是有意義的。

若問我到底想表達什麼重點，那就是：

「在深入挖掘日本之後，就會發現與海外相連。」

因為研究黑糖蒸餾酒而發現其源自於琉球王國，琉球又與台灣的文化串連在一起。挖掘大島紬之後，也能找到印度與爪哇的根源。來自於歐洲的葡萄酒，也在山梨逐漸成為地方的在地酒。而且，本書主要介紹的麴文化，本來就是東亞文化圈共同擁有的普遍之物。

「日本是世界上獨樹一格的發酵大國……」

我說出如此輕率的話，就表示我還沒有深入了解發酵這件事。文化人類學的基本研究方法是「比較」。唯有比較多個不同的文化之後，才會浮現出文化裡獨特的輪廓樣貌。

因此，我必須接著展開下一趟「發酵的巡迴冒險」。從離島前進東亞洲，接著再往西邊前進。為了探訪形成日本文化的根源，或者尋找與日本文化完全不同脈絡的發酵文化，以及尋覓美味的發酵食品、未知的微生物，我接下來的冒險地點將是整個歐亞大陸。

那麼，希望下一次我們能在海外相逢。我是發酵設計師小倉拓。

祝福全國各地的每一位釀造家與發酵實踐者，幸福快樂。

Thanks!
ありがとー!
謝謝。
わーい
わーい

國家圖書館出版品預行編目（CIP）資料——
發酵吧！地方美味大冒險：讓發酵文化創造傳統產業新價值／小倉拓作；雷鎮興譯. -- 初版. -- 臺北市：行人文化實驗室，2021.09；400面；14.8×21公分｜ISBN 978-986-06531-2-0（平裝）｜1.釀酵工業 2.食品工業 3.食品微生物 4.文化人類學｜463.8｜110011379

發酵吧！

地方美味大冒險

讓發酵文化創造傳統產業新價值

作者　小倉拓
譯者　雷鎮興

總編輯　周易正
主編　胡佳君
責任編輯　郭正偉
編輯協力　徐林均
行銷企劃　陳宜涵、陳姿妘、李珮甄

美術　陳恩安
印刷　崎威印刷

定價　460元
ISBN　9789860653120
版次　2021年09月　初版一刷

出版　行人文化實驗室／行人股份有限公司
發行人　廖美立
地址　10074臺北市中正區南昌路一段49號2樓
電話　+886-2-3765-2655
傳真　+886-2-3765-2660
網址　http://flaneur.tw

總經銷　大和書報圖書股份有限公司
電話　+886-2-8990-2588

細菌人委員會祝福腸胃健康